Aufsicht ohne Aufsehen

Aufsicht ohne Aufsehen

Die magische Welt der Aufsichtsräte

Sebastian Hakelmacher

IDW VERLAG GMBH

Das Thema Nachhaltigkeit liegt uns am Herzen:

Das Werk einschließlich aller seiner Teile ist urheberrechtlich geschützt. Jede Verwertung außerhalb der engen Grenzen des Urheberrechtsgesetzes ist ohne vorherige schriftliche Einwilligung des Verlages unzulässig und strafbar. Dies gilt insbesondere für Vervielfältigungen, Übersetzungen, Mikroverfilmungen und die Einspeicherung und Verbreitung in elektronischen Systemen. Es wird darauf hingewiesen, dass im Werk verwendete Markennamen und Produktbezeichnungen dem marken-, kennzeichen- oder urheberrechtlichen Schutz unterliegen.

© 2022 IDW Verlag GmbH, Tersteegenstraße 14, 40474 Düsseldorf

Die IDW Verlag GmbH ist ein Unternehmen des Instituts der Wirtschaftsprüfer in Deutschland e. V. (IDW).

Satz: Reemers Publishing Services GmbH, Krefeld
Druck und Bindung: Beltz Grafische Betriebe GmbH
KN 12055

Die Angaben in diesem Werk wurden sorgfältig erstellt und entsprechen dem Wissensstand bei Redaktionsschluss. Da Hinweise und Fakten jedoch dem Wandel der Rechtsprechung und der Gesetzgebung unterliegen, kann für die Richtigkeit und Vollständigkeit der Angaben in diesem Werk keine Haftung übernommen werden. Gleichfalls werden die in diesem Werk abgedruckten Texte und Abbildungen einer üblichen Kontrolle unterzogen; das Auftreten von Druckfehlern kann jedoch gleichwohl nicht völlig ausgeschlossen werden, so dass für aufgrund von Druckfehlern fehlerhafte Texte und Abbildungen ebenfalls keine Haftung übernommen werden kann.

ISBN 978-3-8021-2738-0

Bibliografische Information der Deutschen Bibliothek
Die Deutsche Bibliothek verzeichnet diese Publikation in der Deutschen Nationalbibliografie; detaillierte bibliografische Daten sind im Internet über http://www.d-nb.de abrufbar.

Coverfoto: AdobeStock/Home

www.idw-verlag.de

Vorwort

Das vorliegende Buch gibt einen unkonventionellen, aber profunden Einblick in die magische Welt der Aufsichtsräte, die in aller Stille die Unternehmens- und Geschäftsführung von Kapitalgesellschaften und Genossenschaften überwachen. Die Grundlagen und Hürden dieser Aufsicht ohne Aufsehen werden in lockerer Weise und doch ziemlich vollständig beschrieben.

Theorie und Praxis des Aufsichtsrats-Daseins werden zur Belehrung, zur Erinnerung oder zum vergnüglichen Staunen der Leserschaft durch übliche und ungewöhnliche Beispiele näher beleuchtet. Als Ausgangspunkt dient das Aktiengesetz, in dem Wesen und Treiben der Aufsichtsräte am eindringlichsten geregelt sind.

Die gewachsene Verantwortlichkeit der Aufsichtsräte verlangt eine zunehmend professionelle Amtsausübung. Leser jeglichen Geschlechts und Alters finden hier alles Wissenswerte,

- wie man Aufsichtsrat wird,
- was man als solcher tun oder lassen muss und
- was man für eine wirkungsvolle Aufsichts- und Beratungstätigkeit beherzigen soll.

Die Wähler von Aufsichtsräten und die überwachten Personen erfahren, was sie von den Aufsichtsräten zu erwarten haben.

Die häufig gestellten Fragen zum Aufsichtsrat zeigen das große Interesse weiter Personenkreise an seiner Existenz und seinen Aktivitäten. Falls Sie die Fragen vergessen haben, finden Sie diese und die Antworten am Ende des Buches.

Im Interesse der Lesbarkeit und flüssiger Intonation wird – trotz empfindlicher Einbußen beim Zeilenhonorar – auf die durchgängige Genderung der deutschen Sprache verzichtet. Aus dem Textzusammenhang ergibt sich, ob mit dem generischen Maskulinum „Aufsichtsrat" Männlein oder Weiblein oder ob Männlein und Weiblein gemeint sind.

Inhaltverzeichnis

Vorwort 5

Kapitel A   Das Phänomen Aufsichtsrat................ 15

1   Öffentliche Wahrnehmung 17
1.1 Vorkommen und Einordnung 17
1.2 Abarten 18
1.3 Ansehen und Aufmerksamkeit 19
1.4 Obliegenheiten des Aufsichtsrats 20
    1.4.1   Einsetzung von Vorstandsmitgliedern 20
    1.4.2   Aufsicht und Rat 20

2   Corporate Governance 22
2.1 Begriff 22
2.2 Corporate-Governance-Systeme 23
    2.2.1   Das monistische System 23
    2.2.2   Das dualistische System 24
2.3 Zweck und Aufgaben des Aufsichtsrats 25

3   Wesensart der Aufsichtsräte 27
3.1 Natürlichkeit 27
3.2 Kritische Grundhaltung und Unabhängigkeit 27
3.3 Präsenz- und Schweigepflicht 30

4   Wissen und Know-how 32
4.1 Rechtliche und kaufmännische Kenntnisse 32
4.2 Finanzexperten 34
4.3 Stakeholder-Interessen 36
4.4 Nachhaltigkeitsexpertise 37

5   Vergütung der Aufsichtsratsmitglieder 39
5.1 Festlegung der Vergütung 39
5.2 Abgabepflichten 40

Kapitel B Konstitution und Lebensräume der Aufsichtsräte ... 43

1 Größe und Zusammensetzung ... 45
1.1 Mitgliederzahl und Profil ... 45
1.2 Diversität ... 47
    1.2.1 Aufsichtsrätinnen ... 47
    1.2.2 Gesetzliche Vorgaben ... 49
1.3 Sonstige Heterogenität ... 50

2 Wahl der Aufsichtsratsmitglieder ... 52
2.1 Wahl der Anteilseigner-Vertreter ... 52
2.2 Wahl der Arbeitnehmervertreter ... 53
2.3 Auswahl des Aufsichtsratsvorsitzenden ... 54

3 On-, Over- and Offboarding ... 56
3.1 Onboarding ... 56
3.2 Overboarding ... 58
3.3 Offboarding ... 59

4 Amtsdauer ... 62
4.1 Laufzeit ... 62
4.2 Altersgrenze ... 62

5 Innere Ordnung des Aufsichtsrats ... 64
5.1 Vorsitz ... 64
5.2 Geschäftsordnung ... 64
5.3 Sitzungen ... 65
    5.3.1 Art und Weise ... 65
    5.3.2 Sitzungsfrequenz ... 66
    5.3.3 Sitzungsgeld ... 68
    5.3.4 Sitzungsteilnehmer ... 69
    5.3.5 Sachverständige und Co. ... 71
    5.3.6 Beschlussfassung ... 73

5.4 Ausschüsse.. 73
    5.4.1 Präsidium.. 74
    5.4.2 Vermittlungsausschuss 75
    5.4.3 Nominierungsausschuss..................................... 75
    5.4.4 Prüfungsausschuss... 76
    5.4.5 Sonstige Ausschüsse 78

6 Tatorte **79**
6.1 Sitzungen und Heimarbeit 79
6.2 Virtuelle Sitzungen.. 80

7 Budget **81**

Kapitel C Die Personalkompetenz des Aufsichtsrats.......... **83**

1 Eingrenzung.. **85**

2 Auswahl und Bestellung von Vorstandsmitgliedern........ **87**
2.1 Zuständigkeit.. 87
2.2 Auslese der Aspiranten 87
    2.2.1 Spitzenmanager... 88
    2.2.2 Geschätzte Attribute... 89
    2.2.3 Sozial- und Nachhaltigkeitsaspekte................... 90
    2.2.4 Altersgrenze 91
2.3 Bestellung der Vorstandsmitglieder............................. 91
    2.3.1 Erstbestellung 92
    2.3.2 Wiederbestellung und Abberufung................... 93

3 Human Relations **95**
3.1 Inhalt der Dienstverträge 95
3.2 Verantwortlichkeiten des Vorstands............................ 96

4 Vergütung der Vorstandsmitglieder ... 98
4.1 Maßstäbe ... 98
4.2 Vergütungssystem ... 100
4.3 Vergütungsbericht ... 102

5 Nebentätigkeiten der Vorstandsmitglieder ... 104

Kapitel D Überwachung der Geschäftsführung ... 105

1 Die Operationsbasis ... 107

2 Gegenstand der Überwachung ... 109
2.1 Originäre Führungsaufgaben des Vorstands ... 109
2.2 Führungsinstrumente ... 110
    2.2.1 Zielsetzungen und Planung ... 111
    2.2.2 Steuerung der Unternehmenstätigkeit ... 112
    2.2.3 Kontrollinstrumente ... 113

3 Rechnungs- und Finanzwesen ... 116
3.1 Überblick ... 116
3.2 Die kaufmännische Buchführung ... 117
    3.2.1 Inhalt und Systematik ... 117
    3.2.2 Die doppelte Buchführung ... 118
3.3 Finanzwesen ... 120

4 Überwachungsinstrumente des Aufsichtsrats ... 122
4.1 Geschäftsordnung für den Vorstand ... 122
4.2 Zustimmungspflichtige Geschäfte ... 123
4.3 Berichterstattung des Vorstands ... 124
4.4 Vorstandsunabhängige Informationen ... 126

5 Überwachung im Konzern.. **129**

5.1 Konzernverhältnisse 129

5.2 Konzernleitung.. 130

5.3 Konzernspezifische Überwachung 132

    5.3.1 Überwachung der Konzernführung................................... 132

    5.3.2 Konzerntypische Zustimmungsvorbehalte 133

Kapitel E   Überwachung und Prüfung der Rechnungs- und Rechenschaftslegung..................................... **135**

1   Grundlagen der Rechnungslegung **137**

1.1 Grundsätze ordnungsmäßiger Buchführung............................ 138

    1.1.1 Ansatzgrundsätze 138

    1.1.2 Bewertungsgrundsätze 139

1.2 Inventur und Inventar 141

1.3 Bilanzrecht 142

    1.3.1 HGB-Rechnungslegung 143

    1.3.2 Konzern-Rechnungslegung 144

    1.3.3 Internationale Rechnungslegungsstandards 145

1.4 Der Rechnungslegungsprozess 146

1.5 Bilanzeid 148

1.6 Digitalisierung... 149

2   Bilanzpolitik und -strategie... **150**

2.1 Bilanzpolitik 150

2.2 Bilanzstrategie 152

2.3 Professionelles Bilanzmanagement 153

3   Die externe Abschlussprüfung.. **156**

3.1 Prüfungsauftrag und -umfang 156

    3.1.1 Gesetzlicher Prüfungsumfang... 156

    3.1.2 Erweiterung des Prüfungsauftrags................................... 157

3.2 Berichterstattung des Abschlussprüfers 158
    3.2.1 Anforderungen an den Prüfungsbericht 159
    3.2.2 Art und Umfang 160
    3.2.3 Sorgfältiger Umgang 162

4 Die Abschlussprüfung durch den Aufsichtsrat 163
4.1 Gegenstand und Unterlagen 163
4.2 Bilanzsitzung des Aufsichtsrats 164

5 Zwischenberichterstattung 166
5.1 Berichtspflicht und Zweck 166
5.2 Inhalt 166
5.3 Bilanzierung und Bewertung 167
5.4 Zwischenlagebericht 168
5.5 Zwischenberichterstattung nach IAS 34 169

Kapitel F   Erweiterte Rechenschaftslegung 171

1 Entwicklung und Überblick 173
1.1 Abhängigkeitsbericht 173
1.2 Nichtfinanzielle Berichterstattung 174
1.3 Sonstige Berichterstattung 175

2 Erklärung zur Unternehmensführung 176

3 Nachhaltigkeitsbericht 179
3.1 Nichtfinanzielle Erklärung 179
    3.1.1 Berichtspflichtige Unternehmen 179
    3.1.2 Inhalt 180
    3.1.3 Prüfung 181

3.2 Künftige Nachhaltigkeitsberichterstattung 182
    3.2.1 EU-Richtlinienentwurf 182
    3.2.2 Inhalt des Nachhaltigkeitsberichts 184
3.3 EU-Richtlinie über Nachhaltigkeitspflichten 186

Kapitel G   FAQ – Häufig gestellte Fragen 189

1   Der Aufsichtsrat als Gremium 191

1.1 Was ist der Aufsichtsrat? 191
1.2 Was tut der Aufsichtsrat? 192
1.3 Wie kann man Aufsichtsrat werden? 192
1.4 Warum wird man Aufsichtsrat? 193
1.5 Warum gibt es Arbeitnehmervertreter im Aufsichtsrat? 194

2   Eignung zum Aufsichtsrat 195

2.1 Eigne ich mich zum Aufsichtsrat? 195
2.2 Was muss ich als Kandidat oder Mitglied beachten? 195
2.3 Wie viele Aufsichtsratsmandate darf ich wahrnehmen? 196
2.4 Wie groß ist die zeitliche Beanspruchung? 197
2.5 Wie lässt sich der Zeitaufwand abschätzen? 197
2.6 Wie stark muss ich mich als Aufsichtsratsmitglied engagieren? 199
2.7 Muss ich als Aufsichtsrat mit besonderen Problemen rechnen? 200
2.8 Kann ich mit einer angemessenen Vergütung rechnen? 200

3   Die Routine der Aufsichtsratstätigkeit 202

3.1 Wie läuft eine Aufsichtsratssitzung ab? 202
3.2 Gibt es gravierende Beschlussfassungen? 204
3.3 Was mache ich mit schriftlichen Unterlagen? 205
3.4 Wie bereite ich mich auf eine Aufsichtsratssitzung vor? 206

3.5 Muss ich an Vorbesprechungen teilnehmen?............................. 207
3.6 Wie verhalte ich mich während der Sitzung?............................. 207
3.7 Was bedeutet die Entlastung der Aufsichtsräte? 208
3.8 Wie läuft eine Hauptversammlung ab?.. 208

4 Abschluss und Lagebericht 210
4.1 Muss ich mich mit dem Jahresabschluss befassen? 210
4.2 Welche Bedeutung hat der Jahresabschluss? 210
4.3 Was mache ich mit dem Prüfungsbericht
des Abschlussprüfers?... 211
4.4 Wie wichtig ist die Bilanzsitzung des Aufsichtsrates?............. 212

5 Sonstige Fragen... 213
5.1 Soll ich Aufsichtsratsvorsitzender werden
und was muss ich dann tun? 213
5.2 Welche Rolle spielt der Vorstand?.. 214

Stichwortverzeichnis 217

Kapitel A
DAS PHÄNOMEN AUFSICHTSRAT

1. Öffentliche Wahrnehmung 17
2. Corporate Governance 22
3. Wesensart der Aufsichtsräte 27
4. Wissen und Know-how..32
5. Vergütung der Aufsichtsratsmitglieder............................39

1 Öffentliche Wahrnehmung

1.1 Vorkommen und Einordnung

In wirtschafts- und finanznahen Kreisen ist allgemein bekannt, dass körperschaftlich organisierte Unternehmen einen Aufsichtsrat haben, der die Geschäftsführung des Unternehmens beaufsichtigen soll. Gesetzlich ist ein **Aufsichtsrat** bei Aktiengesellschaften (AG), Kommanditgesellschaften auf Aktien (KGaA), dualistischen Europäischen Gesellschaften (SE),[1] Gesellschaften mit beschränkter Haftung (GmbH) und bei Genossenschaften als besonderes Verwaltungsorgan zur Überwachung der Geschäftsführung vorgeschrieben.

Die englische Übersetzung für Aufsichtsrat lautet – vermutlich in Anlehnung an die osmanische Bezeichnung „Superwesire" – „*Supervisory Board*". Sie weist auf die erstklassige Stellung des Aufsichtsrats hin. Aufsichtsratsmitglieder sind jedenfalls fest überzeugt, dass sie dem wichtigsten Verwaltungsorgan des Unternehmens angehören und zur nachhaltigen Funktionsfähigkeit und Ordnungsmäßigkeit der Unternehmensführung unentbehrlich sind. Das trifft insbesondere zu, wenn ihnen wie bei der AG die Bestellung von Vorstandsmitgliedern obliegt.

Das für die Geschäftsführung und für die Vertretung des Unternehmens zuständige Organ heißt bei der AG, KGaA, SE und Genossenschaft „**Vorstand**" und bei der GmbH schlicht „Geschäftsführer". Wenn nachfolgend vom „Vorstand" gesprochen wird, sind – so weit nicht anders vermerkt – auch die Geschäftsführer einer GmbH gemeint.

Dasein und Treiben der Aufsichtsräte von Aktiengesellschaften sind ausführlich im Aktiengesetz (AktG) geregelt. Da diese Vorschriften weitgehend auch für den Aufsichtsrat von Unternehmen anderer Rechtsform gelten, wird bei den folgenden Darstellungen hauptsächlich auf das Aktiengesetz Bezug genommen.

Ein maßgeblicher Leitfaden für die Verwaltung körperschaftlicher Unternehmen ist der **Deutsche Corporate Governance Kodex** (DCGK

---

[1] SE-Ausführungsgesetz, §§ 15–19.

oder Kodex). Es handelt sich dabei um eine weitgehend à jour gehaltene Sammlung von Grundsätzen, Empfehlungen und Anregungen zur „*Best Practice*" der Unternehmensführung und -überwachung, die von einer Regierungskommission erarbeitet und veröffentlicht werden. Auf den Kodex wird nachfolgend mehrfach Bezug genommen.[2]

Wenig bewusst ist, dass „Aufsichtsrat" ein **mehrdeutiger Begriff** ist. Er bezeichnet sowohl den Aufsichtsrat als Organ als auch das einzelne Mitglied des Aufsichtsrats. Das generische Maskulinum „Aufsichtsrat" für das Aufsichtsratsmitglied benennt sowohl Aufsichtsrätinnen als auch männliche sowie genderfluide, agendere oder geschlechtsneutrale Aufsichtsräte. Die zutreffende Interpretation ergibt sich aus dem jeweiligen Kontext. Im Zweifel sind alle Arten gemeint.

1.2 Abarten

Größere Unternehmen, die nicht körperschaftlich organisiert sind, leisten sich oft zur Unterstützung oder Überwachung der Geschäftsführung einen **Beirat**. Mangels gesetzlicher Regelung richten sich die Rechte und Pflichten des Beirats im Einzelfall nach dem Gesellschaftsvertrag, den Beschlüssen der Gesellschafterversammlung oder nach den Vereinbarungen mit dem Inhaber des Unternehmens. Inhalt und Umfang der Funktionen des Beirats können sehr unterschiedlich und abweichend von denen des Aufsichtsrats bestimmt sein. Sie können sich z.B. auf spezielle gesellschaftsrechtliche, finanzielle oder technische Themen oder auf die Beratung der Gesellschafter oder des Inhabers des Unternehmens beschränken.

Soweit ein Beirat wie ein Aufsichtsrat die Geschäftsführung überwachen und beraten soll, setzt dies eine offene sowie zeitnahe und regelmäßige Information der Beiratsmitglieder über die wirtschaftliche Lage und Entwicklung des Unternehmens voraus. Daher sollten die Mitglieder eines Beirats auf eine klare Aufgabenstellung und eine geregelte Kommunikation mit der Geschäftsführung des Unternehmens achten.

---

[2] Die Zitate beziehen sich auf den Kodex in der Fassung vom 28.04.2022.

1.3 Ansehen und Aufmerksamkeit

Der Aufsichtsrat ist ein „hochstehendes, sensibles Organ, das vor allem bei Kapitalgesellschaften als sekundäres Gefechtsmerkmal prachtvoll entwickelt ist".[3] Die **hohe Selbsteinschätzung** der Aufsichtsräte wird getragen von der Ehrerbietung der Unternehmensangehörigen und dem Respekt breiter Gesellschaftsschichten. Der Nimbus der Aufsichtsräte beruht vor allem auf der Fantasie Außenstehender über die segensreiche Tätigkeit des Aufsichtsrats, die durch die Intimität der Aufsichtsratsarbeit beflügelt wird.

Über die tatsächliche Amtsausübung des Aufsichtsrats ist wenig publik, weil seine Mitglieder zur Verschwiegenheit über die vertraulichen Beratungen und Beschlüsse verpflichtet sind (§ 116 AktG). In den öffentlichen Medien wird der Aufsichtsrat nur in Einzelfällen und bei vitalen Anlässen erwähnt, wie bei Firmenjubiläen oder Insolvenzanmeldung des Unternehmens.

Der Gesetzgeber hat die Anzahl der Aufsichtsratsmitglieder in einer bemerkenswerten Größe vorgegeben, sodass die Vertreter wichtiger Interessentengruppen, die im Aufsichtsrat ihre Interessen als Interessen des Unternehmens vertreten, im Aufsichtsrat untergebracht werden können.

Die gebührende **Aufmerksamkeit** hat der Aufsichtsrat vor allem den Mitbestimmungsgesetzen[4] zu verdanken, nach denen im Aufsichtsrat neben den Aktionären auch Arbeitnehmer vertreten sein müssen. Die dadurch vermehrte Mitgliederzahl und Zusammenkünfte (siehe Kapital B.5.3) verschaffen eine stärkere Wahrnehmung durch Betroffene und Unbeteiligte.

Die grundlegende Frage, ob der Aufsichtsrat nützlich oder überflüssig ist, wird in Deutschland vorbehaltlos bejaht,[5] was angesichts der streng vertraulichen Bestellung von Vorstandsmitgliedern und der ebenso geheimen Überwachung der Geschäftsführung nicht überrascht.

---

[3] *Hakelmacher*, Der Aufsichtsrat – ein sensibles Organ, WPg 1991, S. 104.
[4] Mitbestimmungsgesetz, Drittelbeteiligungsgesetz, Montan-Mitbestimmungsgesetz.
[5] So schon *Scheffler*, Der Aufsichtsrat – nützlich oder überflüssig?, ZGR 1993, S. 63 ff.

1.4 Obliegenheiten des Aufsichtsrats

1.4.1 Einsetzung von Vorstandsmitgliedern

Bei Aktiengesellschaften muss der Aufsichtsrat die Mitglieder des Vorstands auswählen und für eine bestimmte Amtszeit von maximal fünf Jahren bestellen (Kapitel C.). Der Vorstand ist gesetzlicher Vertreter der Gesellschaft und für die Geschäftsführung und Leitung des Unternehmens zuständig und verantwortlich. Seine Auswahl und Bestellung ist daher eine eminent wichtige Aufgabe des Aufsichtsrats.

Die Vorstandsmitglieder können nach Ablauf der Amtszeit für eine weitere Amtszeit wiederbestellt werden. Dieser Vorgang kann, muss aber nicht, bis zum Zeitpunkt der Pensionierung oder dem Erreichen der Altersgrenze wiederholt werden. Eine vorzeitige Abberufung oder Entlassung eines bestellten Vorstandsmitglieds ist möglich und aus wichtigem Grund sinnvoll. Ohne hinreichende Begründung muss die Entlassung teuer erkauft werden.

Die menschlichen Beziehungen (*Human Relations*) des Unternehmens zu den Vorstandsmitgliedern muss der Aufsichtsrat durch Dienstverträge regeln, die ihren Aufgabenbereich, ihre Arbeits- und Urlaubszeit, ihre Bezüge und andere Privilegien festlegen.

1.4.2 Aufsicht und Rat

Als zweite dauerhafte und bedeutsame Aufgabe muss der Aufsichtsrat die Geschäftsführung durch Vorstand oder Geschäftsführer regelmäßig in angemessenen zeitlichen Abständen überwachen. Dazu darf er die Bücher und Schriften sowie die Wertsachen des Unternehmens einsehen und prüfen (§ 111 Abs. 2 AktG). Aus Sorge, dass eine solche Einsichtnahme und Prüfung das Vertrauensverhältnis zwischen ihm und dem Vorstand stören könnte, begnügt sich der Aufsichtsrat meist damit, dass er sich vom Vorstand über die Lage und Entwicklung des Unternehmens berichten lässt (§ 90 AktG; Kapitel D.4.3).

Der Aufsichtsrat selbst ist in Bezug auf die Geschäftsführung total beschränkt. Kein Aufsichtsratsmitglied darf gleichzeitig dem Vorstand des Unternehmens angehören (§ 105 AktG). Der Aufsichtsrat darf dem Vorstand keine Weisungen, wohl aber Ratschläge erteilen. Immerhin hat die Satzung oder er selbst zu bestimmen, dass der Vorstand bestimmte Geschäfte nur mit Zustimmung des Aufsichtsrats tätigen darf (§ 111 Abs. 4 AktG). Die Zustimmung erfolgt durch einen entsprechenden Beschluss des Aufsichtsrats. Ein zustimmendes Kopfnicken des Aufsichtsratsvorsitzenden genügt nicht.[6]

Im Übrigen überwacht der Aufsichtsrat die Geschäftsführung des Vorstands anhand von Informationen, die dieser regelmäßig zu liefern hat. Diese Berichtspflicht hat den Beigeschmack ständiger Selbstbezichtigungen der Vorstandsmitglieder. Um das Ungemach zu lindern und die Aufsichtsratsmitglieder nicht zu früh zu beunruhigen, wird ein achtsamer Vorstand, der die Lage und Entwicklung des Unternehmens von Berufs wegen stets optimistisch einschätzt, kritische Ereignisse, Abläufe und Trends mit ruhigstellender Verzögerung offenbaren.

Die regelmäßige, zeitnahe und umfassende Berichtspflicht erfolgt bedachtsam und schonend. „Regelmäßig" wird als „in verträglichen zeitlichen Abständen" verstanden. „Zeitnah" bedeutet, das prekäre Entwicklungen sofort berichtet werden, wenn alle Hoffnungen auf ihre Abwendung dahin sind. „Umfassend" meint, dass neben den traurigen Fakten auch ermunternde Lichtblicke aufgezeigt werden.

---

[6] BGH vom 10.07.2018, AG 2018, S. 841 ff.

2 Corporate Governance

2.1 Begriff

Art und Weise der Führung von **körperschaftlichen oder korporativen Unternehmen** werden unter dem Begriff *„Corporate Governance"* zusammengefasst. Wegen anhaltender Eigensinnigkeit von Top-Managern und fortwährenden Unaufmerksamkeiten ihrer Aufseher ist das Thema *„Corporate Governance"* nach wie vor aktuell. Obwohl alle Beteiligten wissen, dass nur ein geordnetes, wirksam kontrolliertes und vorausschauendes Unternehmensregiment den nachhaltigen Unternehmenserfolg sichern und hausgemachte Unternehmenskrisen verhindern kann, wird in der Praxis immer wieder versucht, das Gegenteil zu beweisen.

Wissenschaftler haben vielfach darauf aufmerksam gemacht, dass der Begriff *„Corporate Governance"* keineswegs eindeutig sei. In einem verzweifelten Klärungsversuch wurde *Corporate Governance* von Kennern als „komplexer Verhaltensrahmen für das Management von Unternehmen und dessen Überwachern" definiert, „der durch den konstitutiven Einfluss multipler Akteure aus formalisierten Normen modelliert wird".[7] Diese Klarstellung hat der Verwirrung wenig Abbruch getan.

Erst die treffsichere Übersetzung **„korpulente Gouvernante"**[8] wirkte krampflösend, weil sie das verschwommene Wesen der *Corporate Governance* klar hervortreten lässt. Die altmodische Bezeichnung „Gouvernante" für „hochherrschaftliche Erzieherin" macht deutlich, dass es um die Erziehung und Schulung von hochgestellten Unternehmensangehörigen geht. Das Attribut „korpulent" unterstreicht die Tatsache, dass den schwer erziehbaren Zöglingen nur mit massiven Drillmaßnahmen beizukommen ist.

Corporate Governance kann somit schlicht als „rechtlicher und faktischer Ordnungsrahmen für die Leitung, Geschäftsführung und Überwachung eines korporativen Unternehmens" definiert werden.

---

[7] Berlin Center Corporate Governance.
[8] *Hakelmacher*, Die korpulente Gouvernante, WPg 1995, S. 147 ff.

2.2 Corporate-Governance-Systeme

Akademiker unterscheiden zwei Systeme der *Corporate Governance*, nämlich das einfach anmutende monistische System mit nur einem Verwaltungsorgan und das als umständlich empfundene dualistische System mit zwei Verwaltungsorganen.

2.2.1 Das monistische System

Beim monistischen System sind die Geschäftsführung des Unternehmens und deren Überwachung in einem Organ, dem sog. **„Board of Directors"** vereint. Der Vorsitzende oder *Chairman* des Boards ist als *Chief Executive Officer* (**CEO**) der oberste Entscheider und Verantwortliche für alle Unternehmensangelegenheiten. Er ist dank seiner Dominanz insbesondere Gesprächspartner für Wirtschaftsjournalisten und Finanzanalysten sowie für wichtige Investoren und andere Interessengruppen.

Man unterscheidet geschäftsführende und nicht geschäftsführende Direktoren. Letztere kümmern sich nicht um das Tagesgeschäft des Unternehmens, wirken aber bei wichtigen Entscheidungen des Boards mit. Sie dürfen wie die geschäftsführenden Direktoren andere Unternehmensangehörige direkt ansprechen und die den Direktoren vorbehaltenen Räumlichkeiten (Kasino, Waschräume) benutzen.

Seit den 1990er-Jahren ist es üblich, dass ausgesuchte nicht geschäftsführende Direktoren ein **„Audit Committee"** bilden, dass die laufende Geschäftsführung der geschäftsführenden Board-Mitglieder überwachen und kontrollieren soll. Die Board-Mitglieder bleiben aber unter sich, sodass man das *Audit Committee* nicht mit dem Aufsichtsrat und auch nicht mit dessen Prüfungsausschuss gleichsetzen darf.

Das monistische System oder „Board-System" ist aufgrund seiner anglo-amerikanischen Herkunft international weit verbreitet, sodass es in global vernetzten Finanzkreisen und der ihnen schmeichelnden Literatur in weit größerem Umfang breitgetreten wird als das weniger gängige dualistische System. Tragisch ist, dass in der Hektik der international ausgerichteten Finanzwelt dessen Population keine Zeit hat, sich mit einem alternativen Governance-System zu beschäftigen. Leute von Welt sind auf das monistische System fixiert. Mit anderen Worten: In der *Financial Community* sind allein „*Boards*" die Bretter, die die Welt bedeuten.

2.2.2 Das dualistische System

Beim dualistischen System sind die Geschäftsführung des Unternehmens und deren Überwachung streng getrennt und jeweils einem gesonderten Organ zugeordnet. Der **Vorstand** leitet das Unternehmen und führt dessen Geschäfte, während der **Aufsichtsrat** die Aktivitäten des Vorstands zu überwachen und den Vorstand zu beraten hat.

Das international verkannte dualistische System ist dem Board-System insofern überlegen, dass die *Corporate Governance* mit einem zusätzlichen Organ als Back-up-System ausgestattet ist. Außerdem ermöglicht es die paritätische Mitbestimmung der Arbeitnehmer in Deutschland, die in anderen Ländern nicht ihresgleichen findet und dort großem Misstrauen begegnet. Um diese Stärke nicht zu aufdringlich herauszustellen, wird bei den deutschen Regulierungen der *Corporate Governance* die Mitbestimmung schamhaft und stillschweigend übergangen.

Die offensichtlichen **Vorzüge** des dualistischen Systems werden ebenso wie seine nackte Existenz in einer angelsächsisch geprägten Finanzwelt nicht einmal widerwillig zur Kenntnis genommen. Selbst im Rahmen der EU-Regulierungen wird das dualistische System gern übersehen. Das Desinteresse der internationalen Finanzkreise an dem dualistischen System dürfte auch daran liegen, dass der Aufsichtsrat das Unternehmen nicht nach außen vertritt und dementsprechend nicht als Gesprächspartner für Investoren und Wirtschaftspresse in Unternehmensangelegenheiten gedacht ist.

Trotzdem suchen Finanzanalysten und Journalisten immer wieder den direkten Draht zum Aufsichtsratsvorsitzenden von börsennotierten Unternehmen, weil er im Geschäftsbericht des Unternehmens an prominenter Stelle abgebildet ist. Bei den fragwürdigen Kontakten geht es darum, Interna des Unternehmens auszuhorchen, Neuigkeiten über die Geschäftstätigkeit der Gesellschaft zu hinterfragen oder durchgesickerte Geheimnisse der Unternehmenspolitik zu erörtern.

Prominente Aufsichtsratsvorsitzende fühlen sich durch solche **Ansprachen** geschmeichelt. Angesichts dieser Empfänglichkeit fällt selbst ausgewiesenen Kennern des Aktienrechts der Hinweis schwer, dass der Aufsichtsrat kein Co-Manager, sondern ein Kontrolleur des Managements ist.

Aufsichtsratsmitglieder, die an Rampenlicht und Öffentlichkeit gewöhnt sind, fühlen sich durch die gesetzlich begrenzten Auskunftsbefugnisse ausgegrenzt. Ihnen erscheint eine direkte Ansprache durch reputable Finanzanalysten und Presseleute durchaus geziemend, sodass sie sich ohne Skrupel zu öffentlichen Statements über Unternehmensangelegenheiten hinreißen lassen. Sogar der DCGK regt an, dass der Aufsichtsratsvorsitzende „in angemessenem Rahmen bereit sein soll, mit Investoren über aufsichtsratsspezifische Themen Gespräche zu führen".[9]

Allerdings ist eine solche Abgrenzung bei den weit gesteckten Aufgaben und Themen des Aufsichtsrats schwierig. Wenn der Aufsichtsratsvorsitzende die Thematik zu weit ausdehnt, darf man sich nicht darüber wundern, wenn sich ein selbstbewusster Vorstandsvorsitzender dadurch „rächt", dass er außerhalb seiner Kompetenz öffentlich verkündet, dass er einen Kollegen entlassen oder seinen Nachfolger bestimmt hat.

2.3   Zweck und Aufgaben des Aufsichtsrats

Der unausgesprochene Hauptzweck des Aufsichtsrats ist, die dualistische Corporate Governance in Zusammenarbeit mit dem Vorstand funktionsfähig und vernünftig zu gestalten und in ordentliche Bahnen zu lenken. Dazu sind ihm vom Gesetzgeber folgende nicht delegierbaren Rechte und Pflichten eingeräumt worden, die nur durch den Aufsichtsrat als Gremium und damit von allen Aufsichtsratsmitgliedern wahrgenommen werden müssen.

Der **Aufsichtsrat einer AG** muss

- die Mitglieder des Vorstands bestellen, ggf. wieder bestellen oder u.U. abberufen und die Dienstverträge mit den Vorstandsmitgliedern abschließen (Kapitel C),
- die Geschäftsführung und Unternehmensleitung des Vorstands überwachen (Kapitel D),
- den von der Hauptversammlung gewählten Abschlussprüfer beauftragen,

---

[9] DCGK A.6.

- selbst den Jahres- und ggf. den Konzernabschluss nebst Lagebericht prüfen (Kapitel E),
- ggf. die erweiterte Rechenschaftslegung (Kapitel F) prüfen,
- eine Hauptversammlung einberufen, wenn es das Wohl des Unternehmens fordert und
- vollzählig in der Hauptversammlung anwesend sein, die i.d.R. sein Vorsitzender zu leiten hat.

Bei der **KGaA, GmbH und den Genossenschaften** liegt die Personalkompetenz für die gesetzlichen Vertreter des Unternehmens bei der Gesellschafter- bzw. Generalversammlung. Bei Genossenschaften ist Abschlussprüfer der Prüfungsverband, dem die Genossenschaft angehört (§§ 53 ff. GenG).

Normalerweise wird von den genannten Aktivitäten des Aufsichtsrats in der **Öffentlichkeit** wenig Notiz genommen. Sie sind selbst unternehmensintern oft nur für die Mitglieder des Vorstands und ihre Sekretariate wahrnehmbar. Die Öffentlichkeit merkt allenfalls auf, wenn wegen anhaltender Verluste die Hauptversammlung der Gesellschaft turbulent verläuft. Der Aufsichtsrat gerät kurzzeitig in den Fokus der *Financial Community*, wenn das Unternehmen unerwartet in ernste Schwierigkeiten geraten ist, die von der Unternehmensführung verschuldet und/ oder von investigativen Journalisten entdeckt oder prophezeit worden sind.

Die Wirtschaftspresse konzentriert sich bei Schieflagen des Unternehmens, deren Ursachen meist im Dunkeln liegen, auf mögliche Managementfehler des Vorstands und auf etwaiges Versagen des Abschlussprüfers. Der Vorwurf des Missmanagements richtet sich primär gegen den Vorstandsvorsitzenden. Der Abschlussprüfer ist wegen seiner Verschwiegenheitspflicht weitgehend auskunftsresistent. Mangelhafte Überwachung durch den Aufsichtsrat wird selten offenkundig, da sie hinter verschlossenen Türen stattfindet.

Dennoch ruft die öffentliche Meinung bei jedem bekannt gewordenen Zusammenbruch oder Skandal eines größeren Unternehmens nach schärferen gesetzlichen Vorgaben für die Unternehmenskontrolle.

3 Wesensart der Aufsichtsräte

3.1 Natürlichkeit

Mitglied des Aufsichtsrats kann nur eine natürliche und unbeschränkt geschäftsfähige Person sein (§ 100 Abs. 1 Satz 1 AktG). Bereits diese Voraussetzung erweist sich in der Praxis als problematisch. Immer wieder ist zu beobachten, dass Aufsichtsratsmitglieder gewählt oder wiedergewählt werden oder im Amt bleiben, obwohl sie ihre Natürlichkeit längst verloren haben. Zur Natürlichkeit der Aufsichtsratsmitglieder gehört neben menschlichen Zügen und unbeschränkter Geschäftsfähigkeit eine ökonomische, ökologische und soziale Denkweise.

Der meist nicht oder zu spät bemerkte **Verlust der Natürlichkeit** tritt dann ein, wenn ein Amtsträger seine Person wichtiger nimmt als die Amtspflichten – ein verbreitetes Leiden bei zunehmender Prominenz und höherem Dienstalter. Unübersehbare Symptome dieser nicht seltenen Indisposition sind an Zahl und Dauer zunehmende Monologe, mehrfache Wiederholung ganzer Sätze und eine penetrante Überschätzung der eigenen Meinung.

Anfällig sind insbesondere Aufsichtsratsvorsitzende und andere prominente Aufsichtsratsmitglieder, die den Ehrerbietungen ihrer Kollegen, des Vorstands und anderer Unternehmensangehöriger über mehrere Amtsperioden ausgesetzt waren. Bei ihnen verfestigt sich das amtsbezogene **Beharrungsvermögen** mit zunehmender Amtszeit zur Selbstgewissheit, dass ihr Rücktritt oder ihr Verzicht auf eine erneute Kandidatur in jeder Situation des Unternehmens die mit Abstand schlechteste Handlungsalternative ist.

3.2 Kritische Grundhaltung und Unabhängigkeit

Vorstand und Aufsichtsrat müssen in offener Diskussion und Wahrung der Vertraulichkeit zum Wohl des Unternehmens vertraulich zusammenarbeiten.[10] Dieser Einklang kann leicht gestört werden, wenn der Aufsichtsrat dem Vorstand und seinen Mitgliedern mit einer unabläs-

---

[10] DCGK, Grundsatz 13.

sigen kritischen Grundhaltung begegnet, wie sie von maßgeblichen Normengebern und Verhaltenslehrern gefordert wird. Ein kritischer Aufsichtsrat darf nicht ungeprüft glauben, was der Vorstand mündlich oder schriftlich vorträgt.

In jedem Unternehmen stellen betrügerische oder **dolose Handlungen** von Unternehmensangehörigen ein latentes Risiko dar. Die Verantwortung für die Verhinderung und Aufdeckung solcher Vorgänge liegt grundsätzlich beim Vorstand. Um Aufmerksamkeit zu erregen, spricht der Experte von *Fraud*, wenn eine oder mehrere Personen vorsätzlich Handlungen begehen, die darauf ausgerichtet sind durch Täuschung ungerechtfertigte oder rechtswidrige Vorteile zu erlangen.[11]

Für den Fall, dass Mitglieder des Vorstands selbst ursächlich für dolose Handlungen sind (= *Topmanagement-Fraud*), liegt es in der Verantwortung des Aufsichtsrats durch kritische Analyse und Diskussionen sicherzustellen, dass die Geschäftstätigkeit des Unternehmens in Übereinstimmung mit den geltenden Gesetzen und Vorschriften erfolgt.

Um diese latente Bedrohung zu erkennen und zu überwachen, müssen den Aufsichtsratsmitgliedern die Werttreiber und Risikofelder des Geschäftsmodells und der Geschäftspolitik sowie der Unternehmensstrategie bewusst sein. Sie müssen entsprechenden Indikatoren, die sich oft langsam entwickeln, mit Hilfe des Prüfungsausschusses des Aufsichtsrats, des Abschlussprüfers und ggf. weiterer Experten nachgehen. Der Aufsichtsrat sollte sich einmal im Jahr ohne Anlass mit der Problematik von Topmanagement-Fraud befassen[12]

Das Dilemma von friedlichem Beisammensein und argwöhnischer Beobachtung versucht die Praxis mit Konzilianz und duldsamer Zurückhaltung aller Beteiligten zu lösen. Nach dem Kodex soll die kritische Grundhaltung des Aufsichtsrats als Gesamtorgan dadurch gestärkt werden, dass dem Aufsichtsrat eine angemessene Zahl **unabhängiger An-**

---

[11] Internationaler Prüfungsstandard ISA 240.12
[12] Ausführlich dazu Arbeitskreis „Externe und Interne Überwachung der Unternehmung" der Schmalenbach-Gesellschaft, Empfehlungen zur Verhinderung und Aufdeckung von Top-Management Fraud aus Sicht des Aufsichtsrats, Der Betrieb 2022, S 1849 ff.

teilseignervertreter angehört. Er empfiehlt, dass mehr als die Hälfte der Anteilseignervertreter von der Gesellschaft und vom Vorstand unabhängig sein soll.[13] Ferner sollen mindestens zwei Vertreter unabhängig vom kontrollierenden Aktionär sein, wenn ein solcher vorhanden ist. Die Unabhängigkeit der Arbeitnehmervertreter wird wegen des Tabus der Mitbestimmung im Kodex nicht angesprochen.

Nach strenger Auslegung sind unabhängige Aufsichtsratsmitglieder beziehungslose Personen, deren Interessen nicht geselliger Art, sondern so abwegig sind, dass sie unter keinen Umständen mit den Interessen des Unternehmens kollidieren können. Solche emanzipierten Aufsichtsräte können und sollen dem Vorstand, wenn es geboten ist, unbefangen auf die Füße treten oder auf die Nerven gehen.

Die **Vorsitzenden** des Aufsichtsrats, des Prüfungsausschusses und des mit Vorstandvergütungen befassten Ausschusses gehören im Regelfall zu den Anteilseignervertretern im Aufsichtsrat. Sie sollen von der Gesellschaft und ihrem Vorstand unabhängig sein. Der Vorsitzende des Prüfungsausschusses soll außerdem vom kontrollierenden Aktionär unabhängig sein.

Zur **Feststellung der Unabhängigkeit** ist zu prüfen, „ob das Aufsichtsratsmitglied oder ein naher Familienangehöriger

- in den zwei Jahren vor der Ernennung Mitglied des Vorstands war,
- aktuell oder im Jahr der Ernennung direkt oder als Gesellschafter konzernfremder Unternehmen wesentliche geschäftliche Beziehungen mit der Gesellschaft unterhält oder unterhalten hat,
- ein naher Familienangehöriger eines Vorstandsmitglieds ist oder
- dem Aufsichtsrat länger als 12 Jahre angehört".[14]

Wegen den Nachwirkungen von Vorstandsentscheidungen sollen zur Vermeidung von Selbstkontrolle ehemalige Vorstandsmitglieder erst nach einer Abkühlungsphase von zwei Jahren in den Aufsichtsrat gewählt werden. Ferner sollen dem Aufsichtsrat aus Gründen der Neu-

---

[13] DCGK, C.6 und 7.
[14] DCGK, C.7.

tralität gegenüber der Geschäftsführung nicht mehr als zwei ehemalige Mitglieder des Vorstands angehören.[15]

Das erst kürzlich aufgegriffene Abhängigkeitsmerkmal langfristiger Aufsichtsratszugehörigkeit bedeutet, dass ein Aufsichtsratsmitglied unabhängig von seinem Steh- und Sitzvermögen oder seiner Beweglichkeit nach zwölf Jahren Zugehörigkeit zum Aufsichtsrat seine Unabhängigkeit verloren hat. Der DCGK lässt offen, was er dann noch im Aufsichtsrat zu suchen hat.

Wird trotz Vorliegens eines oder mehrerer genannten Abhängigkeitskriterien ein Aufsichtsratsmitglied als unabhängig angesehen, soll dies in der Erklärung zur Unternehmensführung (Kapitel F. 2.) öffentlich begründet werden.[16] Als Gründe kommen z.B. unersetzliche Kenntnisse und Beziehungen, unsterbliche Verdienste oder kampferprobte Verbundenheit in Betracht.

Da Unabhängigkeit leicht in selbstständiges Denken und Handeln ausartet, hält sich die Praxis bei der Berufung unabhängiger Aufsichtsratsmitglieder zurück. Der Zusammenhalt der Aufsichtsratsmitglieder erscheint angesichts der verantwortungsvollen Aufgaben wichtiger. Hinzu kommt, dass unabhängige Aufsichtsratsmitglieder eine ausgesprochene **Rarität** sind. Potenzielle Aufsichtsräte werden nämlich nicht in freier Wildbahn, sondern nur in aktionärs- oder familiennahen Netzwerken gejagt, sodass Aufsichtsratsmandate aufgrund von familiären Banden, näheren Bekanntschaften oder tauglicher Überkreuz-Verflechtungen vergeben werden.

3.3 Präsenz- und Schweigepflicht

Das größte Handicap der Aufsichtsratsmitglieder ist, dass sie ihr Amt persönlich, zumindest aber selbst, wahrnehmen müssen. Universale Prominenz und lokale Präsenz sind schwer in Einklang zu bringen. Dennoch soll der Aufsichtsrat zur Kontrolle der Präsenz in seinem Bericht an die Hauptversammlung angeben, an wie vielen Aufsichtsrats-

---

[15] DCGK, C.11.
[16] DCGK, C.8.

sitzungen (einschließlich Telefon- und Videokonferenzen) die einzelnen Mitglieder teilgenommen haben.[17]

Die Freuden des Aufsichtsratsmandats werden auch durch die **Anwesenheitspflicht** in der Hauptversammlung getrübt, die jedes Aufsichtsratsmitglied mindestens einmal im Jahr stumm ertragen muss. Trotz des Unbehagens der Betroffenen werden sämtliche Mitglieder des Aufsichtsrats in der Hauptversammlung zur Besichtigung durch Aktionäre und eingeladene Presseleute auf ein Podium gesetzt. Damit sie in ihrem amtstypischen Verhalten beobachtet werden können, dürfen die Aufsichtsräte keinen Laut von sich geben und ihren Sitzplatz nicht verlassen. Gleichzeitig müssen sie ein waches Interesse an den mehr oder weniger lichtvollen Ausführungen der Hauptversammlungsredner zeigen.

Vielbeschäftigte oder quer denkende Aufsichtsratsmitglieder sehen in der Präsenzpflicht eine unangemessene Freiheitsberaubung. Der Zwiespalt zwischen Eigen- und Amtsinteressen, der nicht nur in Unternehmen, sondern auch in anderen Institutionen anzutreffen ist, und dessen psychologischen Folgen sind noch völlig unerforscht. Datenschützer und Seelsorger haben sich zur Offenlegung der Absenzen bisher nicht offiziell geäußert.

Kontaktfreudige Aufsichtsratsmitglieder leiden außerdem sehr unter der generellen **Schweigepflicht,** die ihnen in Bezug auf vertrauliche Berichte und Beratungen im Aufsichtsrat auferlegt ist. Die Verschwiegenheit ist auch gegenüber nahestehenden Personen (Lebensgefährten, Schwiegermutter u.a.) oder vertrauenswürdigen Partnern (Chauffeur, Fußpfleger u.a.) zu wahren. Ebenfalls ist untersagt, die intimen Sitzungs- und Berichtsunterlagen in Flugzeugen, Zügen oder Restaurants laut vorzulesen oder zu kommentieren, geschweige denn liegen zu lassen.

---

[17] DCGK, D.7.

4 Wissen und Know-how

4.1 Rechtliche und kaufmännische Kenntnisse

Der Gesetzgeber stellt – abgesehen von der speziell angeordneten Anwesenheit von Finanzexperten im Aufsichtsrat (Kapitel A.4.2) – keine spezifischen Anforderungen an unternehmensrelevante Kenntnisse und Erfahrungen der Aufsichtsratsmitglieder.[18] Er verlangt aber, dass die Aufsichtsräte die Regeln ordnungsgemäßer Unternehmensführung und die Sorgfalt ordentlicher und gewissenhafter Geschäftsleiter bzw. Überwacher beachten (§ 116 i.V.m. § 93 AktG). Aus dieser Sorgfaltspflicht folgert die Rechtsprechung,[19] dass jedes Aufsichtsratsmitglied diejenigen **Mindestkenntnisse** besitzen oder sich unverzüglich aneignen muss, die nötig sind, um alle gewöhnlich anfallenden Geschäftsvorgänge des Unternehmens auch ohne fremde Hilfe verstehen und sachgerecht beurteilen zu können.

Dazu reicht die Kenntnis der Firmenanschrift des Unternehmens, des Tagungsortes und des Termins für die bevorstehende Aufsichtsratssitzung allein nicht aus. Zusätzlich sind konkrete Vorstellungen über die Art und Risiken der Geschäfte sowie über die Organisationsstruktur und wirtschaftliche Lage des Unternehmens für alle Aufsichtsratsmitglieder unverzichtbar. Darüber hinaus sind rechtliche, betriebswirtschaftliche und nachhaltigkeitsbezogene Grundkenntnisse unabdingbar.

Zur Erleichterung fordern Rechtsprechung und DCGK lediglich, dass die Laienschar der Aufsichtsratsmitglieder als Kollektiv über die Kenntnisse, Fähigkeiten und Erfahrungen verfügt, die zur ordnungsgemäßen Wahrnehmung der Aufgaben erforderlich sind.[20] Beispielsweise genügt als gemeinschaftliche Fähigkeit, wenn mindestens ein Aufsichtsratsmitglied lesen und ein anderes schreiben kann. Dank dieser solidarischen Sichtweise können auch wenig beschlagene Aufsichtsratsmitglieder über mehrere Amtszeiten sozialverträglich durchgeschleppt werden.

---

[18] Zur Ausnahme siehe Kapitel B.1.2.
[19] BGH vom 15.11.1982, AG 1983, S. 133.
[20] DCGK, Tz. 5.4.1.

Den Aufsichtsratsmitgliedern muss bewusst sein, dass sie auch unternehmerische Entscheidungen zu fällen haben, die für die Existenz und die nachhaltige erfolgreiche Entwicklung des Unternehmens ausschlaggebend sind. Sie betreffen vor allem die Auswahl, Bestellung und Entlassung von Vorstandsmitgliedern sowie die Beurteilung bedeutsamer Geschäfte, die der Vorstand nur mit Zustimmung des Aufsichtsrats vornehmen darf.

Bei Verletzung ihrer **Sorgfaltspflicht** haften die Aufsichtsratsmitglieder der Gesellschaft gegenüber für Schadensersatz. Diese Drohung wird selbst von im Amt ergrauten Aufsichtsratsmitgliedern tapfer negiert, da höchst selten vertretungsberechtigte Kläger in Sicht sind. Im Übrigen vertrauen alle Betroffenen darauf, dass für etwaige Haftungsansprüche gegen sie die sog. D&O-Versicherung[21] aufkommt, die das Unternehmen zu ihren Gunsten abgeschlossen hat.

Zur Beruhigung verunsicherter Vorstands- und Aufsichtsratsmitglieder wurde die sog. *Business Judgement Rule* (§ 93 Abs. 1 Satz 2 AktG) erfunden. Sie besagt, dass bei unternehmerischen Entscheidungen keine Pflichtverletzung vorliegt, wenn das Vorstands- oder Aufsichtsratsmitglied vernünftiger Weise und aufgrund angemessener Informationen annehmen durfte, zum Wohl der Gesellschaft zu handeln.

Es ist keine Bestechung, wenn ein Aufsichtsrat Vernunft annimmt. Diese berechtigte Bereicherung führt zu der Erkenntnis, dass wohlerwogene Entscheidungen ausreichende Informationen über den vorliegenden Gegenstand (Geschäftsvorfall, Vorhaben und andere Maßnahmen) und seine Umstände und Auswirkungen voraussetzen. Um in den sicheren Hafen der *Business Judgement Rule* zu kommen, muss der (Mit-)Entscheider zusätzlich seine Zuversicht glaubhaft machen, mit seinem Votum zum Wohl des Unternehmens zu handeln.

Immer wieder hört man die Forderung, dass Aufsichtsratsmitglieder nach unternehmensrelevanten Fachkenntnissen und Erfahrungen ausgewählt werden sollten. Beispielsweise sollte im Aufsichtsrat einer Mie-

---

[21] *„Directors and Officers"*-Versicherung.

derwarenfirma eine Stripteasetänzerin oder bei einer Waschmittelfabrik oder Sektkellerei ein Schaumschläger vertreten sein.

Die zaghaften Ansätze einer differenzierten fach- und wissensorientierten Auswahl von Aufsichtsratsmitgliedern werden allerdings von der Rechtsprechung des Bundesgerichtshofes (BGH) torpediert.[22] Danach unterliegen Personen, die wegen ihrer speziellen Kenntnisse in den Aufsichtsrat gewählt wurden, bezüglich ihres Spezialgebietes einer erhöhten Sorgfaltspflicht und Haftung. Das wirkt abschreckend. Fachkenntnisse können also gefährlich sein. Sie schaden nur dann nicht, wenn sie das Aufsichtsratsmitglied für sich behält und allenfalls in persönlichen Notfällen einsetzt, z.B. zur Abwehr von Regressansprüchen oder von persönlichen Beleidigungen.

Trotz der verordneten Schweigepflicht spielt die **Kommunikationsfähigkeit** der Aufsichtsratsmitglieder eine wichtige Rolle. Vorstand und Aufsichtsrat müssen miteinander reden und mit sich reden lassen. Da der Aufsichtsrat keine Vertretungsbefugnis für die Gesellschaft hat, ist umstritten, ob und wieweit er mit den Stakeholdern des Unternehmens direkt kommunizieren darf. Hier kann eine diesbezügliche unternehmensinterne Richtlinie hilfreich sein, die Situationen und Anlässe sowie Themenverantwortlichkeiten und Sprecherrollen gebührend festlegt.[23] Aufsichtsratsspezifische Themen sind z.B. der Rauswurf eines Vorstandsmitglieds oder die Nachfolge im Aufsichtsratsvorsitz.

4.2 Finanzexperten

Die professionelle Auf- und Ausrüstung der Aufsichtsräte hat der Gesetzgeber über viele Jahre mit großer Zurückhaltung behandelt. Immerhin wurde 2009 für kapitalmarktorientierte Gesellschaften vorgeschrieben, dass dem Aufsichtsrat ein Sachverständiger angehören muss, der sich mit der Rechnungslegung oder mit der Abschlussprüfung auskennt.[24] Fachleute dieses Kalibers wurden und werden in Literatur und Praxis

---

[22] BGH vom 20.09.2011.
[23] *Lintemeier/Westermann*, in: Der Aufsichtsrat 2022, S. 160 ff.
[24] BilMoG vom 25.05.2009; § 100 Abs. 5 AktG.

irreführend, aber hartnäckig als „Finanzexperte" bezeichnet.[25] Die zutreffende Benennung „Bilanz- oder Rechnungslegungsexperte" konnte sich nicht durchsetzen.

Lange Zeit vermutete man rudimentäre Bilanzkenntnisse bei den inzwischen rar gewordenen Bankenvertretern im Aufsichtsrat, die jedoch mehr die Pflege von Kreditbeziehungen im Auge hatten. Echte Bilanzfachleute gerieten eher zufällig in den Aufsichtsrat und gerierten sich dort als graue Einzelgänger.

An dem zwiespältigen **Sachverstand** der Finanzexperten (Rechnungslegung oder Abschlussprüfung) wurden wiederholt Zweifel geäußert. Während ein Experte auf dem Gebiet der Rechnungslegung ohne Sachkenntnisse auf dem Gebiet der Abschlussprüfung denkbar ist, bestehen große Zweifel, dass ein Sachverständiger auf dem Gebiet der Abschlussprüfung ohne Kenntnisse der Rechnungslegung zurechtkommt. Ein Abschlussprüfer muss ohne Konsultation von Nachschlagewerken in der Lage sein, alle aufkommenden Bilanzfragen seines Mandanten mit fachlich anmutenden Gemeinplätzen erschöpfend zu beantworten.

Der Gesetzgeber hat das Dilemma erkannt. Durch das Finanzmarktintegritätsstärkungsgesetz (FISG)[26] wurde für „Unternehmen von öffentlichem Interesse" (§ 316a HGB) die vorgesehene **Zahl** der Finanzexperten im Aufsichtsrat **verdoppelt.** Sowohl im Aufsichtsrat als auch in dem zwingend vorgeschriebenen Prüfungsausschuss (Kapitel 3.3.3) muss mindestens ein Mitglied über Sachverstand auf dem Gebiet der Rechnungslegung verfügen und mindestens ein weiteres Mitglied mit Sachverstand auf dem Gebiet der Abschlussprüfung vertreten sein.[27] Der letztgenannte Sachverstand ist notwendig, um die Qualität der externen Abschlussprüfung beurteilen zu können (§ 107 Abs.2 Satz 2AktG).

Die Funktion der Finanzexperten kann in Aufsichtsrat und Prüfungsausschuss von unterschiedlichen Personen ausgeübt werden, sodass

---

[25] Die gebräuchliche Bezeichnung wird aus Bequemlichkeit auch hier verwendet. Sie bezeichnet sowohl Fachmänner als auch Fachfrauen.
[26] FISG vom 03.06.2021, BGBl. I 2021, S. 1534.
[27] § 100 Abs. 5 AktG.

leicht vier Finanzexperten im Aufsichtsrat untergebracht werden können. Angesichts dieser Besetzungsstärke und wegen des Umfangs der geforderten, z.T. als abseitig empfundenen Spezialkenntnisse ist es fraglich, ob und wie die Nachfrage nach Finanzexperten befriedigt werden kann.

Die **Kostbarkeit** von Finanzexperten werden insbesondere kapitalmarktorientierte Unternehmen spüren, die ihren Konzernabschluss auf dem Treibsand der *International Financial Reporting Standards* (IFRS) aufstellen müssen (Kapitel E.1.3.3).[28] Diese ewig unvollendete Sammlung von Bilanzrezepturen fasziniert nicht nur durch ihre fehlende Systematik, sondern verwirrt auch durch ihre Unmenge und Unbeständigkeit. Hier muss der gefechtsreife Finanzexperte ein ständig lernender Spezialist sein, der morgen weiß, warum die von ihm gestern als richtig beurteilte Bilanz heute falsch ist.

4.3 Stakeholder-Interessen

In der Praxis der Unternehmensführung hat sich der Wandel vom Primat der Aktionärsinteressen (= *Shareholder-Value*-Ansatz) zum *Stakeholder*-Ansatz weitgehend vollzogen, der eine ausgewogene Interessenwahrung aller Bezugsgruppen des Unternehmens anstrebt. Aus Sicht der allgemeinen Gesellschaft genießt ein Unternehmen Legitimität, wenn es die Werte und Erwartungen aller seiner *Stakeholder* aktiv unterstützt.[29]

Um in diesem Sinne die Maximierung des Unternehmenswerts zu erreichen, müssen die heterogenen Interessen der *Stakeholder* unabhängig von Lärm und Penetranz ihrer Prätentionen sachlich definiert und anhand ihrer Signifikanz für Unternehmen und Umwelt abgewogen werden.

---

[28] § 315e HGB. Vgl. *Hinterseher* (2012), Die Verführung in das Detail, München, S. 123; *Hakelmacher* (2014), Die IFRS als literarisches Kunstwerk, S. 227 ff.
[29] *Velte*, Sustainable Corporate Governance: Integration von Nachhaltigkeit in das Aktien- und Bilanzrecht, DB 2021, S. 1056.

Skeptiker regen zur totalen *Stakeholder*-Orientierung ein „**Drei-Bänke-Modell**"[30] an, das bei der Besetzung des Aufsichtsrats neben Anteilseigner- und Arbeitnehmervertretern als dritte Gruppe weitere *Stakeholder* des Unternehmens berücksichtigt.[31] Die Modellbezeichnung „drei Bänke" suggeriert, dass die dadurch bedingte Aufstockung oder Umstrukturierung des Aufsichtsrats raummäßig leicht zu verkraften sei, wenn die Aufsichtsratsmitglieder in den Sitzungen wie im britischen Parlament auf Bänken platziert werden.

Mit dem Sitzen auf Bänken lassen sich Aufsichtsräte bis zur Größe einer Grundschulklasse bequem unterbringen. Die enge Sitzordnung fördert das Zusammengehörigkeitsgefühl der Mitglieder und den Wunsch, die Debatte auf wenige Stunden zu begrenzen. Offen ist noch, ob und wie die dadurch vergrößerte Abwärme ökologisch sinnvoll genutzt werden kann.

Im Gespräch ist weiterhin ein *„Stakeholder-Advisory-Board",*[32] der unachtsame Vorstands- und Aufsichtsratsmitglieder auf die mannigfaltigen, teils gegensätzlichen Interessen der *Stakeholder* ständig aufmerksam machen und bei Bedarf Änderungen des Geschäftsmodells oder der Wertschöpfung des Unternehmens anmahnen soll.

4.4 Nachhaltigkeitsexpertise

Der *Sustainable-Finance*-Beirat der Bundesregierung (SFB) hat vorgeschlagen, § 107 Abs. 3 und § 111 Abs. 1 AktG dahingehend zu präzisieren, dass die **Überwachungspflicht** des Aufsichtsrats die langfristige Entwicklung und angemessene Berücksichtigung von Nachhaltigkeits- und Klimarisiken sowie von diesbezüglichen *Stakeholder*-Erwartungen einschließt.[33]

---

[30] Nicht zu verwechseln mit dem vom DIIR propagierten *„Three-Line-Modell"*, das die strategische und beratende Funktion der Internen Revision betont. Siehe dazu WPg 2021, S 1383–1392.
[31] *Velte*, Fn 27, S. 1118.
[32] *Velte*, Fn 27, S. 1118.
[33] *SFB*, Thrifting the Trillions. Ein nachhaltiges Finanzsystem für die Große Transformation, 2021, S. 96.

Eine hinreichende Nachhaltigkeitsexpertise im Aufsichtsrat, die über die Wetterfühligkeit einzelner Mitglieder hinausgeht, ist heutzutage unverzichtbar. Jedes Aufsichtsratsmitglied muss sich mit den für das Unternehmen relevanten Vorgaben und Risiken von Klima- und Umwelteinflüssen vertraut machen und lernen, welche Aktivitäten des Unternehmens zur Verwirklichung der Umweltziele und zur Verhinderung oder Verminderung von Umweltrisiken beitragen sollen.[34]

Das Unternehmen soll die **Fortbildung** der Aufsichtsratsmitglieder unterstützen.[35] In Bezug auf die Nachhaltigkeitsaspekte bieten sich z.B. an: Organisation und Finanzierung der Teilnahme an attraktiven Klimademonstrationen oder an Aktionen zum Schutz von Permafrostböden. Das Bildungsziel ist erreicht, wenn jedem Aufsichtsratsmitglied klar ist, dass die Entsorgung von Vorstandsmitgliedern in den Aufsichtsrat kein Übergang zur umweltfreundlichen Kreislaufwirtschaft ist.

Im Aufsichtsrat werden künftig vermehrt Forst- und Landwirte, Kindererzieher und Baumschullehrer, Korallen- und Altenpfleger, Streetworker, Klimaforscher und Umweltreiniger diversen Geschlechts vertreten sein müssen. Es liegt nahe, für den Aufsichtsrat – analog zur Mindestausstattung mit Finanzexperten – eine Mindestbestückung mit **Nachhaltigkeitsexperten** vorzuschreiben.[36] Beispielsweise könnten ein Sachverständiger auf dem Gebiet der Luft- und Bodenreinhaltung und ein weiterer Experte auf dem Gebiet der Korruptionsbekämpfung verordnet werden.

Im Gegensatz zu den begrenzt verfügbaren Finanzexperten erscheint das Angebot an Klima-, Umwelt-, Menschenrechts- und Sozialwerkern ausreichend, um ein *Overboarding* (Kapitel B.3) einzelner Nachhaltigkeitsprofis zu vermeiden. Allerdings könnte vielversprechende Kandidaten abschrecken, dass zur Wahrnehmung des Aufsichtsratsamtes neben Natur- und Klimakunde auch rechtliche und betriebswirtschaftliche Grundkenntnisse notwendig sind. Daher sollten die Unternehmen diesbezügliche Informationsblätter bereithalten, attraktive Einführungskurse anbieten oder das vorliegende Buch aushändigen.

---

[34] Art. 9 ff. EU-Taxonomie-VO.
[35] DCGK D.11.
[36] *Velte*, FN 17, S. 1116.

5 Vergütung der Aufsichtsratsmitglieder

Die Aufsichtsratsmitglieder üben ihre Tätigkeit kraft ihrer korporationsrechtlichen Bestellung aus. Der Gesetzgeber hat das Aufsichtsratsamt als Nebentätigkeit konzipiert, die neben einem Hauptberuf ausgeübt werden kann. Trotz aller Ehrfurcht, die den Aufsichtsräten entgegengebracht wird, ist ihr Mandat nicht als ehrenamtliche Tätigkeit gedacht. Den Aufsichtsräten kann für ihre ehrenvolle Tätigkeit eine Vergütung gewährt werden.

5.1 Festlegung der Vergütung

Für den ersten Aufsichtsrat einer AG kann erst die **Hauptversammlung**, die über die Entlastung seiner Mitglieder beschließt, eine Vergütung bewilligen. Anschließend wird die Aufsichtsratsvergütung entweder in der Satzung oder von der Hauptversammlung festgelegt. Um der Hauptversammlung jährliche Diskussionen zu ersparen, wird die Aufsichtsratsvergütung i.d.R. für längere Zeit in der **Satzung** festgesetzt. Allerdings muss die Hauptversammlung mindestens alle vier Jahre über die Vergütung des Aufsichtsrats beschließen, wobei ein die Vergütung bestätigender Beschluss zulässig ist (§ 113 AktG).

Die Aufsichtsratsvergütung soll in einem angemessenen Verhältnis zu den Aufgaben der Aufsichtsratsmitglieder und zur Lage der Gesellschaft stehen. Es liegt vor allem in der Hand der Betroffenen, den Umfang und Schwierigkeitsgrad der Aufgaben und die Gunst der Lage des Unternehmens so darzustellen, dass eine auskömmliche Vergütung erreicht wird.

Bei der Festlegung der Aufsichtsratsvergütungen soll der höhere **zeitliche Aufwand** für den Vorsitz und den stellvertretenden Vorsitz im Aufsichtsrat sowie für den Vorsitz und die Mitgliedschaft in Ausschüssen berücksichtigt werden. Üblicherweise erhält der Vorsitzende des Aufsichtsrats das Zwei- bis Zweieinhalbfache und sein Stellvertreter das Eineinhalbfache der Vergütung für die gemeinen Aufsichtsratsmitglieder. Die Mehrvergütung für Ausschussmitglieder hängt von Zweck, Komplexität und Zeitaufwand der Ausschüsse ab.

Umstritten ist, ob für Aufsichtsräte eine **erfolgsabhängige Vergütung** statthaft oder angemessen ist.[37] Der DCGK empfiehlt eine Festvergütung. Wird dennoch eine erfolgsabhängige Vergütung zugesagt, soll sie von der nachhaltigen Unternehmensentwicklung abhängig sein,[38] z.B. von der Erfüllung von Klimazielen.

Börsennotierte Unternehmen müssen die an das einzelne Aufsichtsratsmitglied gezahlten oder geschuldeten Vergütungen mit allen Bestandteilen in einem Vergütungsbericht veröffentlichen (§ 162 AktG; Kapitel C.5.3), damit Außenstehende ihrer Verwunderung, Gratulation oder Kondolenz und Insider ihrer Überraschung oder ihrem Neid öffentlich oder unter sich Ausdruck verleihen können. Es ist noch unerforscht, ob die Publizität einen stimulierenden oder dämpfenden Effekt hat.

Neben der Vergütung steht den Aufsichtsratsmitgliedern die Erstattung ihrer **mandatsbedingten Auslagen** zu. Es empfiehlt sich, in einer Spesen- oder Reisekostenordnung das Nähere zu regeln, wie z.B. erstattungsfähige Bahn- und Flugklasse, Noblesse der Herberge, Ausgaben für Assistenz- und Hilfskräfte oder für Schreibmaterial, Seh- und Hörhilfen u.a. Multiaufsichtsräte müssen ihre Spesenabrechnungen deutlich den einzelnen Mandaten zuordnen.

5.2 Abgabepflichten

Gewerkschaftsangehörige, die einem Aufsichtsrat als **Arbeitnehmervertreter** angehören, müssen einen nach der Vergütungshöhe abgestuften, erheblichen Betrag an die zuständige Gewerkschaft abführen.[39] Die Abführungspflicht gilt auch, wenn die Wahl und Bestellung zum Aufsichtsrat ohne gewerkschaftliche Unterstützung erfolgt ist. Es ist nicht ersichtlich, dass die Abgabepflichtigen in ihrem Engagement als Aufsichtsratsmitglied nachlassen.

---

[37] Bei Genossenschaften ist eine ergebnisabhängige Aufsichtsratsvergütung untersagt (§ 36 Abs. 2 GenB).
[38] DCGK G.18.
[39] Zur ausführlichen Rechtfertigung und Begründung siehe die Schriften der Hans-Boeckler-Stiftung.

Bei **Aktionärsvertretern** besteht i.d.R. keine oder eine diskret behandelte individuelle Abführungspflicht. Beobachtet wurde die vollständige Abführung bei verheirateten Aufsichtsratsmitgliedern an den geschäftsführenden Partner im gemeinsamen Haushalt. Bei Wahrnehmung von Mandaten innerhalb eines Konzerns ist häufig die Abführung der Aufsichtsratstantieme an das heimatliche Unternehmen vorgesehen.

Wegen dieser Entzugsentscheidungen sind viele Aufsichtsratsmitglieder zum Erhalt ihrer alltäglichen Zahlungsfähigkeit auf die Sitzungsgelder angewiesen, die größere Unternehmen für die Anwesenheit in den Aufsichtsrats- und Ausschusssitzungen zahlen (siehe Kapitel B.5.3.3).

Kapitel B
KONSTITUTION UND LEBENSRÄUME DER AUFSICHTSRÄTE

1. Größe und Zusammensetzung 45
2. Wahl der Aufsichtsratsmitglieder 52
3. On-, Over- and Offboarding 56
4. Amtsdauer 62
5. Innere Ordnung des Aufsichtsrats 64
6. Tatorte 79
7. Budget 81

Für Unternehmen in der Rechtsform der AG, KGaA und der dualistischen SE sowie Genossenschaften ist gesetzlich ein Aufsichtsrat vorgeschrieben.[40] Andere Kapitalgesellschaften mit mehr als 500 Arbeitnehmern müssen nach den Mitbestimmungsgesetzen ebenfalls einen Aufsichtsrat haben. Größere Personenunternehmen leisten sich freiwillig einen Aufsichtsrat oder einen Beirat mit ähnlichen Funktionen.

1 Größe und Zusammensetzung

1.1 Mitgliederzahl und Profil

Der **Aufsichtsrat der AG** muss mindestens drei Mitglieder haben. Die Satzung kann eine höhere Zahl festsetzen, die durch drei teilbar sein muss, wenn mitbestimmungsrechtliche Vorschriften dies erfordern. Die zulässige Höchstzahl der Aufsichtsratsmitglieder richtet sich nach der Höhe des Grundkapitals (§ 95 AktG) oder nach der Zahl der Arbeitnehmer (§ 7 MitbestG). Die Spannbreite von 3 bis 21 Mitglieder stellt sicher, dass für den Aufsichtsrat in jedem Fall eine behäbige Größe darstellbar ist.

Bei Kapitalgesellschaften und Genossenschaften mit mehr als 500 Beschäftigen muss jedes dritte Aufsichtsratsmitglied ein Vertreter der Arbeitnehmer sein (**DrittelBG**). Beschäftigt das Unternehmen mehr als 2.000 Arbeitnehmer, muss der Aufsichtsrat paritätisch mit Anteilseigner- und Arbeitnehmervertretern besetzt werden. § 7 Abs. 1 **MitbestG** fixiert die Größe des Aufsichtsrats in Abhängigkeit von der Anzahl der Arbeitnehmer auf 12, 16 oder 20 Mitglieder, sodass die unhandliche Größe des Aufsichtsrats auch nicht durch die Mitbestimmung gefährdet ist.

Nach den Vorstellungen des DCGK soll der Aufsichtsrat ein **Kompetenzprofil** für seine Zusammensetzung erarbeiten.[41] Kompetenz ist dabei nicht als Entscheidungsmacht oder Zuständigkeit gemeint, sondern als Begabung oder Talent, Befähigung und Beschlagenheit, geistige und handwerkliche Fähig- und Fertigkeiten sowie fachliche Qualifikation

---

[40] §§ 30 und 95 ff. AktG; § 9 und §§ 36 ff.GenG; § 17 SEAG.
[41] Änderungsvorschlag der Kodex-Kommission zu Tz. 5.4.1.

und Denkvermögen. Die mangelhafte Quantifizierbarkeit dieser Elemente macht die Profilbestimmung schwierig, sodass die Dokumentation der gewünschten Merkmale in vielen Unternehmen unterentwickelt ist.

Auf jeden Fall muss der Aufsichtsrat bei seinen Wahlvorschlägen für die Hauptversammlung auf **Diversität** (Kapitel B.1.2), auf rechtliche und betriebswirtschaftliche Kenntnisse und auf Expertise in Bezug auf die für das Unternehmen bedeutsamen Nachhaltigkeitsaspekte achten. Diese Kenntnisse müssen nicht in einer Person gebündelt sein, sondern können sich auf mehrere Aufsichtsratsmitglieder verteilen. Außerdem ist zu beachten, dass bei Unternehmen von öffentlichem Interesse zwei Finanzexperten im Aufsichtsrat vertreten sein müssen (Kapitel A.4.2).

Zur Schärfung und Abrundung der tatsächlichen Konturen sind Erkundigungen über das Elternhaus, die Schul- und Ausbildung, den Familienstand sowie über den Hauptberuf und die Steckenpferde der Aufsichtsratsmitglieder nützlich. Sie sollten möglichst durch polizeiliche Führungszeugnisse, ärztliche Atteste, glaubwürdige Zeugenaussagen oder sichtbare Narben belegt sein.[42] Als erleichterter **Kompetenznachweis** werden in dringen Fällen verwandtschaftliche oder rotarische Verbindungen zum amtierenden Vorstands- oder Aufsichtsratsvorsitzenden akzeptiert.

Spezielle Fachkenntnisse, die bei keinem Aufsichtsratsmitglied auszuschließen sind, lassen sich bei Bedarf am besten durch Multiple-Choice-Abfragen aufspüren. Unausgefüllte Hochschulprofessoren und Berater sind hier gern behilflich. Umfang und Häufigkeit solcher Tests erfordern allerdings Fingerspitzengefühl, damit Fehler aus Nervosität oder aus Verärgerung dünnhäutiger Aufsichtsratskandidaten oder -mitglieder vermieden werden. Multiaufsichtsräten wird empfohlen, den Nachweis ihrer besonderen Qualifikationen auf dem Handy zu speichern, um sich jederzeit als kompetent ausweisen zu können.

---

[42] Facebook-Profile darf der Aufsichtsratsmitglieder nicht ungeprüft akzeptieren.

Weitergehende Anforderungen, die auf innere Werte und verborgene Eigenschaften natürlicher Personen Bezug nehmen, wie das gelebte Verhalten eines „ehrbaren Kaufmanns", können nur durch hochnotpeinliche Verhöre oder künstlich stimulierte Gefühlswallungen zutage gefördert werden. Zur Wahrung der Verhältnismäßigkeit werden Unabhängigkeit und Integrität der Aufsichtsratsmitglieder vermutet, wenn ihre Herkunft und ihr Auftreten kein offensichtliches Fehlverhalten vermuten lassen.

1.2 Diversität

Für viele Gremien gilt die Vielfalt seiner Mitglieder als besonderes Qualitätsmerkmal. Das betrifft auch den Aufsichtsrat. Vielfalt bedeutet mannigfaltige Natur, unterschiedliche geografische oder soziale Herkunft, Ausbildung, Haar- oder Hautfarbe und vieles mehr. Damit die Diversität für die Unternehmen nicht zu viel wird, begnügt sich der Gesetzgeber mit der Geschlechtervielfalt, die er als **Teilhabe von Frauen** propagiert.

1.2.1 Aufsichtsrätinnen

Die EU-Kommission verspricht sich von einer höheren Frauenbeteiligung in Aufsichts- und Führungsgremien von Unternehmen „**positive Auswirkungen** auf die Gruppenintelligenz".[43] Folgende Gründe stützen diese Einschätzung:

- Frauen geben im Gegensatz zu Männern ihre Fehler zu – wenn sie denn welche hätten.
- Frauen fragen nach, wenn sie etwas nicht wissen oder nicht verstanden haben.
- Frauen agieren dynamischer als Männer. Sie scheuen sich nicht, gut funktionierende Prozesse so lange zu verbessern, bis sie nicht mehr reibungslos ablaufen.
- Männer werden mit zunehmendem Dienstalter und höherer Rangstufe immer unbelehrbarer und preisen ihren Starrsinn als „konsequente Haltung".
- Frauen denken und handeln sozialer.

---

[43] Grünbuch der EU-Kommission zur Abschlussprüfung vom 13.10.2010, S. 7.

– Frauen lieben das Chaos, aber nur, wenn sie es selbst angerichtet haben.

Eine Frauenquote hat auch ihre **Kehrseite**. Wegen der im Vergleich zu Männern längeren Lebenserwartung der Frauen wird der Aufwand für die betriebliche Altersversorgung erheblich ansteigen, insbesondere dann, wenn Frauen in vergleichbaren Positionen nicht mehr geringer bezahlt werden als ihre männlichen Kollegen. Bisher wurde nicht geltend gemacht, dass die vergleichsweise geringere Besoldung von Frauen durch deren längere Lebensdauer gerechtfertigt sei.

Um aufkommende Gefühlsausbrüche beim Thema „Frauenquote" zu dämpfen, sprechen auf- und abgeklärte Meinungsmacher von *„Gender-Mainstreaming"*, wenn sie die **Gleichstellung von Mann und Frau** an der Spitze der Unternehmen im Kopf haben und die Achtung geschlechtsspezifischer Interessen und Lebensbedingungen zur Sprache bringen.

Wenn die Verwaltungsorgane der Unternehmen ordentlich „gegendert" werden,[44] bleibt allerdings die Frage offen, wie ohne Gefährdung der angestrebten Geschlechterquoten mit „Transgendern" zu verfahren ist, also mit Personen, die ihre Geschlechtszugehörigkeit nicht erkennen oder akzeptieren. Unter welchen Umständen können oder müssen sie welcher Partei zugerechnet werden?

Sollte eines Tages die totale Gleichstellung von Mann und Frau erreicht werden, taucht die Frage auf, ob eine Frauenquote noch Sinn macht und noch gebraucht wird? Wo bleibt die Vielfalt, wenn Frau gleich Mann und Mann gleich Frau ist? Spezifische Untersuchungen der maßgeblichen nackten Tatsachen liegen derzeit nicht vor. Solange es getrennte Damen- und Herrentoiletten gibt, dürfte die Gleichstellungsfrage noch nicht endgültig beantwortet sein. Die Diskussion über und die Installation von geschlechtsneutralen oder Unisex-Toiletten hat gerade erst begonnen. Immerhin wurden in Herrentoiletten die ersten Wickeltische installiert.

---

[44] Zu diesen neusprachlichen Begriffen wird auf den Duden, Die deutsche Rechtschreibung, 27. Auflage 2017, S. 484, verwiesen.

1.2.2 Gesetzliche Vorgaben

Bei der börsennotierten und mitbestimmten, also doppelt heimgesuchten Gesellschaft muss sich der **Aufsichtsrat** zu mindestens 30 % aus Frauen und zu mindestens 30 % aus Männern zusammensetzen (§ 96 Abs. 2 AktG). Die Mindestanteile sind für den Aufsichtsrat insgesamt zu erfüllen, sodass bei mitbestimmten Unternehmen Fehlmengen auf der Anteilseigner- oder Arbeitnehmerseite durch Mehrmengen der anderen Seite ausgeglichen werden können. Die ungeregelte Restmenge von maximal 40 % kann von Personen beliebigen Geschlechts beansprucht werden.

Der ideal zusammengebaute Aufsichtsrat besteht aus einem Drittel unabhängiger Frauen, einem Drittel unvoreingenommener Männer und einem Drittel geschlechtsloser oder bisexueller Fachleute.

Besteht bei börsennotierten Gesellschaften der **Vorstand** aus mehr als drei Personen, muss mindestens eine Frau und ein Mann Mitglied des Vorstands sein (§ 76 Abs. 3a AktG). Weitere gesetzliche Vorgaben für den Frauenanteil auf Vorstandsebene fehlen. Die nachstehend genannten Zielgrößen für die zweite und dritte Führungsebene werden ab auch auf die erste Führungsebene ausstrahlen.

Bei börsennotierten oder mitbestimmten Gesellschaften müssen auch Zielgrößen für den Frauenanteil in den beiden unter dem Vorstand angesiedelten Führungsebenen (**2. und 3. Führungsebene**) festgelegt werden. Ein bestimmter Prozentsatz ist nicht vorgegeben. Aber wenn der Frauenanteil bei Festlegung der Zielgrößen unter 30 % liegt, dürfen die erreichten Anteile nie mehr unterschritten werden.[45] Gleichzeitig sind Fristen von höchstens fünf Jahren zur Erreichung der Zielgrößen für die Geschlechterverteilung festzulegen (§ 76 Abs. 4 AktG und § 111 Abs. 5 AktG).

Umstritten ist, ob die Vorstandssekretariate wegen ihrer sensiblen Machtstellung der obersten Führungsebene zuzurechnen sind.[46] Da

---

[45] Siehe dazu *Ringström*, Nachhaltigkeit minimaler Zielwerte, Köln 2015.
[46] Bejahend *Suhrbier*, Die Dominanz der Frauen in der Unternehmenshierarchie, Hamburg, 3. Auflage 2015, S. 187 m.w.N.; A.A. *Macke-Schrötter*, Vorzimmerlegenden, Bonn 2016, S. 211.

Sekretärinnen und Sekretäre[47] nicht zu den gesetzlichen Vertretern des Unternehmens gehören, wird man sie trotz ihres immensen Einflusses als Angehörige der zweiten Führungsebene klassifizieren müssen. Also sind auch hier Zielgrößen für die Teilhabe von Männern und Frauen zu bestimmen und zu erreichen. Zur praktischen Erleichterung sind die Führungsebenen insgesamt zu betrachten und nicht nach Funktionen oder Abteilungen zu unterteilen.

Bei der Prüfung der Ziele und Fristen ist – wie das Beispiel der vorwiegend weiblich besetzten Vorstandsekretariate deutlich macht – auch auf eine schutzwürdige **Mindest-Teilhabe von Männern** zu achten, um die positiven Auswirkungen der geschlechtlichen Vielfalt auf die Gruppenintelligenz nicht zu verpassen.

Große, börsennotierte Kapitalgesellschaften müssen zusätzlich in einem **Diversitätskonzept** dessen Ziele, die Art und Weise seiner Umsetzung und die im Geschäftsjahr erreichten Ergebnisse beschreiben. So wäre bspw. darzulegen, wie der Frauenanteil innerhalb von neun Monaten auf 49,2 % angehoben werden soll und warum zum Ende des Geschäftsjahres nur 48,7 % erreicht wurden. Dabei ist unabhängig von Körperform und -größe auf ganze Personen abzustellen. In diesem Zusammenhang sind auch geschlechtsspezifische Fördermaßnahmen, wie Tanzkurse, Sonderurlaub oder finanzielle Unterstützung für Geschlechtsumwandlungen, berichtswürdig.

1.3   Sonstige Heterogenität

Der Aufsichtsrat soll selbst konkrete Ziele für seine unternehmensspezifische und mannigfaltige Zusammensetzung benennen. Als gute Vorsätze gelten eine internationale Ausrichtung des Gremiums, eine geschlechtliche und fachliche Vielfalt der Mitglieder sowie eine sinnvolle Altersstruktur. In der Erkenntnis, dass Vielfalt mehr ist als Einfalt, sprechen sich Theoretiker dafür aus, dass der Aufsichtsrat möglichst vielfältig zusammengesetzt sein soll.

---

[47] Hier ist zu beachten, dass als „Sekretär" nicht ein Schreibschrank oder ein Greifvogel gemeint ist.

Mit **Vielfalt** sind nicht nur die faltenreichen Gesichter sorgenvoller Aufsichtsratsmitglieder oder die vielen Falten ihrer zerknitterten Kleidung gemeint. Vielmehr ist Vielfalt oder Diversität „ein mehrdimensionales Konstrukt, das die Verschiedenartigkeit von Menschen an einer Vielzahl unterschiedlicher Kriterien festmacht"[48]. Diese Klarstellung besagt, dass im Aufsichtsrat Mitglieder mit unterschiedlichen Konfektionsgrößen, Nationalitäten, Blut- und Altersgruppen, religiösen und sexuellen Orientierungen u.a.m. vertreten sein sollen. Nähere Konkretisierungen sind allerdings – außer der Teilhabe von Frauen (Kapitel A.1.2) – selbst bei börsennotierten Unternehmen nicht vorgeschrieben.

Ein **international** zusammengewürfelter Aufsichtsrat ist bei deutschen Unternehmen immer noch die Ausnahme, obwohl unzureichende Sprach- und Rechtskenntnisse und nationale Eigenheiten die Diskussion im Aufsichtsrat enorm beleben würden. Ein wesentlicher, aber unausgesprochener Grund für die Vernachlässigung dürfte darin liegen, dass es bisher nicht gelungen ist, den Horror ausländischer Verwaltungsräte und Finanzleute vor der in Deutschland verbreiteten paritätischen Mitbestimmung signifikant abzubauen.

Die Ignoranz gegenüber einer internationalen Besetzung wird auch durch die Tatsache offenbar, dass in vielen Aufsichtsräten noch nicht einmal eine ausgewogene landsmannschaftliche Zusammensetzung zu finden ist. Es gibt z.B. in Bayern ansässige Firmen mit umfangreichen Betriebsstätten in Norddeutschland, die keinen Preußen in ihrem Aufsichtsrat aufweisen.

---

[48] Berlin Center of Corporate Governance.

2 Wahl der Aufsichtsratsmitglieder

Die Mitglieder des Aufsichtsrats werden entweder allein von der Hauptversammlung oder nach Maßgabe der Mitbestimmungsgesetze teils von Aktionären und teils von Arbeitnehmern gewählt. Aufsichtsräte sind also Gewählte, die sich für auserwählt halten. Man kann sie auch als „Berufene" bezeichnen, obwohl der Beruf bei Aufsichtsräten zweitrangig ist. Im Übrigen weiß man, dass Aufsichtsrat ein hohes Amt ist, das vor allem eine stets feierliche Haltung verlangt.

2.1 Wahl der Anteilseigner-Vertreter

Für die Wahl der Aktionärsvertreter hat der Aufsichtsrat der Hauptversammlung einen **Wahlvorschlag** vorzulegen. Bei dem üblichen Gefallen am Amt schlagen die amtierenden Mandatsträger i.d.R. sich selbst zur Wiederwahl vor. Dieses *Continuous Boarding* soll Überraschungen bei allen Beteiligten vermeiden, darf aber nicht als Beitrag zur Nachhaltigkeit gewertet werden. Die Aktionäre folgen dem Vorschlag i.d.R., weil sie davon ausgehen, dass die alteingesessenen Aufsichtsräte am besten wissen, welche Aufsichtsratsmitglieder das Unternehmen braucht.

Bestimmten Aktionären kann durch die Satzung ein **Entsendungsrecht** für Aufsichtsratsmitglieder eingeräumt werden, allerdings höchstens für ein Drittel der Aktionärsvertreter (§ 101 Abs. 2 AktG). Diese Entsandten können von den Entsendungsberechtigten jederzeit abberufen werden, insbesondere wenn sie sich ungeschickt verhalten.

Nicht wählbar als Anteilseigner-Vertreter sind Personen (§ 100 Abs. 2 AktG),

- die bereits in zehn anderen Handelsgesellschaften Aufsichtsratsmitglied sind und mehr als fünf Aufsichtsratssitze in Konzernunternehmen wahrnehmen,
- in den letzten zwei Jahren Vorstandsmitglied der Gesellschaft waren, es sei denn, sie werden auf Vorschlag von mehr als einem Viertel der Stimmrechte der Aktionäre gewählt,
- gesetzlicher Vertreter eines abhängigen Unternehmens oder einer Kapitalgesellschaft sind, deren Aufsichtsrat ein Vorstandsmitglied der Gesellschaft angehört.

Der DCGK engt den Kreis der wählbaren Personen weiter ein. Danach dürfen nicht mehr als fünf Aufsichtsratsmandate in anderen börsennotierten Unternehmen ausgeübt werden, wobei ein Aufsichtsratsvorsitz doppelt zählt.[49] Außerdem soll ein Vorstandsmitglied einer börsennotierten Gesellschaft maximal zwei Aufsichtsratsmandate in konzernexternen börsennotierten Gesellschaften und keinen Aufsichtsratsvorsitz in solchen Gesellschaften wahrnehmen.

Soweit nicht **ehemalige Vorstandsmitglieder** in den Aufsichtsrat entsorgt werden müssen, für die nach ihrer Demission eine Abkühlungsperiode von zwei Jahren abgewartet werden muss, werden als potenzielle Aufsichtsratsmitglieder bevorzugt Spitzenfunktionäre einer dem Unternehmen verbundenen Organisation zur Wahl gestellt. Die geschäftliche Verbundenheit genügt oft als Bestätigung, dass die für das Aufsichtsratsamt benötigten Kontroll- und Beratungskompetenzen gegeben sind. Wenn der Spitzenmanager (Kapitel C.2.2.1) eines anderen Unternehmens zum Aufsichtsrat gewählt wird, wird ein Seher zum Aufseher oder ein Visionär zum Re-Visionär.

Die trotz dieser strengen Auslese aufgetretenen Kontrollschwächen haben clevere Personalberater auf die Idee gebracht, sich verzweifelten Aufsichtsrats- oder Vorstandsvorsitzenden für die Besorgung von kompetenten Aufsichtsratsmitgliedern anzudienen. Im Gespräch und in ihren Werbeprospekten legen sie Wert auf die Feststellung, dass jedes Aufsichtsratsmandat unternehmensspezifische Kenntnisse und Erfahrungen voraussetzt, die sie professionell eruieren und bei ihren Kandidatenvorschlägen berücksichtigen.

2.2 Wahl der Arbeitnehmervertreter

Maßgeblich für die Wahl von Arbeitnehmervertretern ist bei Kapitalgesellschaften und Genossenschaften mit mehr als 500 Arbeitnehmern das Drittelbeteiligungsgesetz, bei Gesellschaften mit mehr als 2.000 Arbeitnehmern das Mitbestimmungsgesetz.[50]

---

[49] DCGK C.4.
[50] Der Vollständigkeit halber wird auf das Montan-Mitbestimmungsgesetz vom 04.05.1976 hingewiesen.

Die Arbeitnehmervertreter im Aufsichtsrat werden von den Arbeitnehmern des Unternehmens gewählt. **Wählbar** sind Arbeitnehmer, die seit mindestens einem Jahr dem Unternehmen oder seinem Konzern angehören und über 18 Jahre alt sind (§ 7 Abs. 2 MitbestG). Unterliegt das Unternehmen der paritätischen Mitbestimmung, sind als Arbeitnehmervertreter zwei bis drei Vertreter der im Unternehmen vertretenen Gewerkschaften zu wählen.

Die Arbeitnehmervertreter bringen vor allem ihre **Betriebskenntnisse** in die Aufsichtsratsdiskussion ein, die für die Beratung und Beschlüsse des Aufsichtsrats wichtig sind. Sie kennen die Stärken und Schwächen der betrieblichen Funktionen (Beschaffung, Forschung, Produktion, Vertrieb, Verwaltung) oder der Standorte i.d.R. genauer als die Vertreter der Anteilseigner. Aufgeschlossene und sachlich denkende Arbeitnehmervertreter bereichern die Erörterungen und die Güte von Beschlussfassungen im Aufsichtsrat.

2.3 Auswahl des Aufsichtsratsvorsitzenden

Das Aktiengesetz sieht vor, dass der Vorsitzende des Aufsichtsrates von den Aufsichtsratsmitgliedern aus ihrer Mitte zu wählen ist. Bei mitbestimmten Unternehmen sind der Aufsichtsratsvorsitzende und sein Stellvertreter mit einer Zwei-Drittel-Mehrheit der Aufsichtsratsmitglieder zu wählen.[51]

Als Aufsichtsratsvorsitzende sind **hoch gestellte Amtsträger** in komplexen Firmen und Institutionen prädestiniert, weil stark vermutet wird, dass sich Erfahrung und Urteilskraft von Spitzenfunktionären mit zunehmender Größe und Unübersichtlichkeit einer Organisation potenzieren. Bevorzugt werden bekannte, evtl. auch bewährte Spitzenmanager und Generalisten, die auf möglichst vielen Sachgebieten mit fachlicher Anmutung reden oder Fragen stellen können.

Der Aufsichtsratsvorsitzende wird in vielen Fällen vom kontrollierenden Aktionär oder vom Amtsvorgänger oder nicht selten vom Vorstandsvorsitzenden vorgeschlagen. Meistens wird eine Person ausgesucht,

---

[51] Siehe im Einzelnen § 27 Abs. 1 und 2 MitbestG.

die dem maßgeblichen Aktionär hinreichend nahesteht oder vertraut ist und dennoch als genügend unabhängig präsentiert werden kann. Dieses elegante Verfahren, das gewöhnlichen Aufsichtsratsmitgliedern die Qual der Wahl erspart, funktioniert perfekt, wenn der vor seiner Pensionierung stehende Vorstandsvorsitzende sich selbst zum neuen Aufsichtsratsvorsitzenden designiert oder bereit erklärt hat.

Mit dieser Form der Arterhaltung soll die Kontinuität der Unternehmensführung und -überwachung sowie der Beziehungen zu nützlichen Institutionen und Personen bewahrt werden. Dem Vorwurf der Befangenheit oder einer fortdauernden Selbstkontrolle wird mit dem einsichtigen Argument begegnet, dass im Unternehmensinteresse das zuvor gewonnene Vertrauen in die geküfte Person ausschlaggebend ist.

Unter solchen Zuchtbedingungen werden aus normalen Aufsichtsratsvorsitzenden **machtaktive Aufsichtsratschefs,** die sich ohne Skrupel in die Geschäftsführung des Vorstands einmischen, um „die Sache in Ordnung zu bringen". Sie handeln so als gehört ihnen das Unternehmen.

Um Missverständnissen vorzubeugen, sei angemerkt, dass die gemeinen Aufsichtsratsmitglieder nicht nur zur Auffüllung der Mitgliederzahl und als Wähler des Vorsitzenden dienen, sondern hauptsächlich zur Komplettierung des Aufsichtsrats-Know-hows, zur Pflege nützlicher Beziehungen und zum Erhalt des Biotops von Prominenz, Präsenz und Absenz.

3 On-, Over- and Offboarding

Die genannten Begriffe bezeichnen den Zutritt, die Ämterhäufung und den Abgang von Aufsichtsratsmitgliedern. Sie sind Ausdruck der zunehmenden Professionalisierung der Aufsichtsräte.

3.1 Onboarding

Mit *Onboarding* bezeichnen international vernetzte Aufsichtsratsexperten den **Eintritt** eines neu gewählten Mitglieds in einen Aufsichtsrat. Belehrend weisen sie darauf hin, dass der Zutritt ohne angemessene Aufklärung und Vorbereitung der Novizen zu unangenehmen oder gar desaströsen Folgen führen kann. Wenn es gut werden soll, müssen sich unbescholtene Kandidaten rechtzeitig die notwendigen sachlichen und fachlichen Kenntnisse und Einblicke aneignen und mit ihren Stärken und Schwächen sowie Präferenzen abgleichen.

Bei diesem Ämtercheck, der Enttäuschungen vermeiden soll, sind neben relevanten unternehmensspezifischen Daten und Entwicklungen auch die Erwartungen der Aufsichtsratswähler (Inhaber, Gesellschafter oder Arbeitnehmer) und der Organmitglieder (insbesondere der Vorsitzenden von Aufsichtsrat und Vorstand) des Zielunternehmens ausschlaggebend.

Die unumgänglichen **Kenntnisse und Klarheiten**, die sich ein neues Aufsichtsratsmitglied möglichst schnell aneignen muss, betreffen folgende miteinander verknüpften Themen:

- Profil des Unternehmens
  - Geschäftsmodell und Strategie,
  - Organisationsstruktur,
  - Produkte, Wertschöpfung und Marktstellung,
  - Standorte, Lieferketten,
  - besondere Nachhaltigkeitsaspekte (Klima- und soziale Ziele und Risiken),
  - finanzielle und personelle Ausstattung (Vermögens-, Finanz- und Ertragslage, Fachpersonal)

- Informationssystem und interne Kommunikation
- Profil des Aufsichtsrats
  - Selbstverständnis und Rollenbeschreibung (überwachend, kontrollierend, beratend, begleitend, bestimmend),
  - Rolle des Aufsichtsratsvorsitzenden,
  - Zusammenarbeit mit dem Vorstand,
  - Profil und Einflussnahme der Unternehmenseigner (Einzel- oder Familienunternehmen, Kapitalgesellschaft, Mehrheitsaktionär)
- Anforderungsprofil für den Aufsichtsratsposten
  - Fachkenntnisse, Erfahrungen, Know-how
  - zeitliche Beanspruchung
- Profil der Stakeholder
  - Investoren, Gesellschafter,
  - Arbeitnehmer,
  - Kunden, Lieferanten,
  - Non-Government-Organisationen (NGO), Sozialpartner.

Diese umfangreiche Liste soll nicht abschrecken. Die Neugewählten sollten sie im Eigeninteresse beginnend mit der Kandidatur schrittweise und rechtzeitig abarbeiten.

Erste Informationen bieten veröffentlichte Finanz- und Geschäftsberichte sowie Vorgespräche mit Eigentümern oder Organmitgliedern des Unternehmens. Da Betriebsbesichtigungen oder Ortsbegehungen höchst selten angeboten werden, sollten sich debütierende Aufsichtsratsmitglieder anhand von Organisations-, Brandschutz- und Lageplänen sowie des Telefonregisters möglichst rasch über die Namen und Zuständigkeiten wichtiger Ansprechpartner (Sekretärinnen, Vorstandsmitglieder, Bereichsleiter) und über lebenswichtige Örtlichkeiten (Parkplatz, Sitzungsraum, Raucherecke, Toiletten) informieren.

Weitere interne Dokumente, wie Geschäftsordnungen, aktuelle kurzfristige Erfolgsrechnungen oder die Berichte des Abschlussprüfers, werden aus Gründen der Vertraulichkeit erst in oder nach der konstituierenden Sitzung des Aufsichtsrats ausgehändigt. Hilfreich sind spezielle

Einführungskurse für Neulinge und individuelle Einzelgespräche mit den Vertretern der Kernbereiche des Unternehmens. Es ist zu überlegen, ob ein Ansprechpartner für das Einführungsprogramm ernannt werden sollte.[52]

3.2 Overboarding

Die Überfrachtung einzelner Personen mit Aufsichtsratsposten nennt man *„Overboarding"*, weil dabei Übersicht und wirksame Überwachung über Bord gehen. Da Aufsichtsratsmandate als extravagantes Accessoire sehr beliebt und begehrt sind, kommt es häufig zum *Overboarding*. Prominente aus Wirtschaft und Politik sammeln Aufsichtsratsämter wie wertvolle Porzellantassen, die sie nicht im Schrank haben. Insbesondere Spitzenfunktionäre komplexer Organisationen flüchten gern in den Aufsichtsrat von ähnlich unübersichtlichen Unternehmen.

Diese Sammelleidenschaft hat zwei **Gründe.** (1) Ein Aufsichtsratsposten verschafft eo ipso großes Ansehen, während ein guter Ruf in der hauptberuflichen Position mühsam erarbeitet werden muss. (2) Aufsichtsratsmandate bedeuten eine willkommene, vom Arbeitgeber meist geduldete Auszeit von den Strapazen der hauptberuflichen Verpflichtungen. Da die Aufsichtsratstätigkeit nicht permanent, sondern dem Charakter einer Nebentätigkeit entsprechend stoßweise in zeitlichen Abständen ausgeübt wird, benötigen hart arbeitende Spitzenfunktionäre schwer steuerbarer Organisationen zur Regeneration mehr als ein Aufsichtsratsmandat.

Erleichtert wird die Kollektion mehrerer Aufsichtsratsmandate dadurch, dass man dafür weder speziell ausgebildet sein noch einen Meisterbrief oder Hochschulabschluss vorweisen muss. Allerdings räumen selbst Penner der Szene ein, dass in Unternehmen erworbene Kenntnisse und Erfahrungen für die Tätigkeit als Aufsichtsrat hilfreich sind. Das entscheidende Argument für Mehrfachmandate besteht in der Auffassung der beteiligten Greise, dass ein Aufsichtsrat umso professioneller besetzt ist, je mehr Aufsichtsratsmandate seine Mitglieder gleichzeitig innehaben.

---

[52] *Henning*, in: Der Aufsichtsrat 2022, S. 34 ff.

Die Aufsichtsratsvergütung spielt beim Overboarding eine untergeordnete Rolle. Multi-Aufsichtsräte geben sich zufrieden, wenn sie mit ihrem Aufsichtsratseinkommen ein Auskommen weit oberhalb der Armutsgrenze gefunden haben.

Spitzenfunktionäre, die sich ihrer beruflichen 60-und-mehr-Stunden-Woche rühmen, leben regelrecht auf, wenn sie wesentliche Teile ihrer dienstlichen und häuslichen Abwesenheit mit Aufsichtsratssitzungen und den damit verbundenen An- und Abreisen verbringen. Für den **Erholungseffekt** solcher mandatsbezogenen Ausflüge ist wichtig, dass nicht zu viel Zeit mit der Vorbereitung und Anwesenheit in Aufsichtsrats- und Ausschusssitzungen vertan wird.

Die Versuchung, die durch *Overboarding* verursachte Zeitnot mit einer reduzierten Präsenz in den Aufsichtsratssitzungen zu lindern, soll durch die öffentliche Anzeige der Sitzungspräsenz im Bericht des Aufsichtsrats an die Hauptversammlung verhindert werden. Routiniers wehren sich damit, dass sie während der Aufsichtsratssitzung – emsig, aber unauffällig – unternehmensfremde Akten oder Unterschriftsmappen mit unterhaltsamen Magazinen bearbeiten.

Bei Schieflagen und Unternehmenskrisen wird der Ruf nach **Berufsaufsichtsräten** laut. Als solche dienen sich gern *Management-Consultants* oder ehemalige Spitzenmanager an, die sich mit einem Aufsichtsratsposten nicht ausgelastet fühlen und ihre Überlast an Erfahrungen verwerten wollen. Sie versichern, dass ihr universelles Know-how jeglicher Situation bei beliebigen Unternehmen gewachsen ist.

Kritiker des *Overboardings* müssen sich den erwähnten Erholungseffekt und die Tatsache entgegenhalten lassen, dass Spitzenfunktionäre als einfache Aufsichtsratsmitglieder geringeren Schaden anrichten als in ihrem Hauptberuf, weil ihnen geschäftsführende Maßnahmen und der damit verbundene Zugriff auf fremdes Vermögen untersagt sind.

3.3 Offboarding

Offboarding bezeichnet den Abgang oder Abschied eines Mitglieds aus dem Aufsichtsrat. Es wirkt sich in Abhängigkeit von seinem Grund auf Gemüt, Salär und Zukunftspläne des Ausscheidenden und auf die Aktionen und Gefühle der hinterbliebenen Aufsichtsratsmitglieder aus. Daher sollten Zeitpunkt und Gründe des *Offboardings* von allen Seiten wohl bedacht und der Abgang würdig gestaltet werden.

Ein durch das **Ende der Amtszeit** veranlasstes Ausscheiden stimmt traurig, wenn eine mögliche Wiederwahl nicht erfolgt. Das Überschreiten der Altersgrenze ist nicht aufzuhalten und ein Schicksal, dem kein Aufsichtsratsmitglied entgehen kann. Ein Ausstieg auf Wunsch des Aufsichtsratsmitglieds kann gute Gründe haben und den Ausscheidenden froh stimmen. Eine Demission zur Erfüllung der Frauenquote mag für Betroffene tragisch sein, muss aber als Fügung zur Verbesserung der Gruppenintelligenz des Aufsichtsrats hingenommen werden.

Ein Aufsichtsratsmitglied, das die Lust am Amt oder die Nerven verloren oder ein anderes interessanteres Mandat gefunden hat, kann sein Amt praktisch jederzeit und auch vor Erreichen der Altersgrenze niederlegen.

Eine von Dritten als rechtzeitig empfundene **Amtsniederlegung** passiert selten, weil (1) Aufsichtsräte mit der für sie typischen Gelassenheit kritische Entwicklungen in und um das Unternehmen mit bedächtiger Verzögerung zur Kenntnis nehmen, (2) eine Kündigung vor Ablauf der Amtszeit innerhalb und außerhalb des Unternehmens als Niederlage oder als Schuldeingeständnis des Betroffenen empfunden wird und (3) ein neues Mandat nicht sofort zur Verfügung steht.

Gewählte Aktionärsvertreter können durch Beschluss von 75 % der in der Hauptversammlung vertretenen Stimmrechte **abberufen** werden. Ein Grund muss nicht vorliegen. Die Satzung kann aber eine andere Mehrheit und weitere Erfordernisse festlegen, z.B. Kirchenaustritt oder Geschlechtsumwandlung des Aufsichtsratsmitglieds.

Auf Antrag der Mehrheit des Aufsichtsrats kann ein Mitglied aus wichtigem Grund durch das Gericht abberufen werden. Wichtige Gründe für solche tragischen Fälle sind z.B.: Wegfall der Wählbarkeit, Alkoholismus oder Rowdytum.

Eine vorzeitige Abberufung droht praktisch nur dann, wenn das Aufsichtsratsmitglied

- als Anteilseigner-Vertreter mit dem Hauptaktionär hartnäckig streitet oder bei der entsendungsberechtigten Person in Ungnade gefallen ist,
- beim Drogen-Dealen, bei Geldwäsche oder anderen Straftaten erwischt worden ist,
- durch nerviges Nachfragen, lautstarke Selbst- oder Handygespräche oder nervöses Stühlerücken den gesitteten Ablauf der Aufsichtsratssitzungen wiederholt gestört hat,
- die Altersgrenze drastisch überschreitet (Kapitel B.4.2).

4 Amtsdauer

4.1 Laufzeit

Aufsichtsratsmitglieder können längstens bis zur Beendigung der Hauptversammlung bestellt werden, die über die Entlastung für das vierte Geschäftsjahr nach Beginn der Amtszeit des Aufsichtsrats beschließt. Die Amtszeit kann sich also über fünf Jahre hinziehen. Ein auslaufendes Mandat kann allerdings beliebig oft erneuert werden, es sei denn, der Mandatsträger hat die für Aufsichtsräte festgesetzte Altersgrenze überschritten oder ist nicht mehr unbeschränkt geschäftsfähig.

Auf Beständigkeit und **Bleiberecht** pochende Aufsichtsratsmitglieder müssen bedenken, dass sie gemäß den Vorstellungen des DCGK nach zwölfjähriger Aufsichtsratstätigkeit ihre Unabhängigkeit verlieren.[53] Den meisten Aufsichtsräten, die diese leidvolle Botschaft hören, fehlt der Glaube. Sie gehen davon aus, dass ihr Mandat auf die volle Lebenszeit oder wenigstens bis zum Erreichen der Altersgrenze angelegt ist und dass es nach Ablauf der gesetzlich oder vertraglich begrenzten Amtszeit automatisch verlängert wird. Diese falsch verstandene Nachhaltigkeit wird von den Beteiligten als *„Weltstrukturerbe"* verteidigt, weil es eine entkrampfend wirkende Vertrautheit mit Kollegen, Überwachungsopfern und lokalen Verhältnissen garantiert.

4.2 Altersgrenze

Der Aufsichtsrat wurde viele Jahre als Rat weiser Männer oder reputabler Seniorenkreis gehegt und gepflegt, in dem langjährige Erfahrungen und aktuelle Probleme aufeinanderprallen. Als Folge der mitbestimmungsrechtlichen Regeln konnte durch die Vertreter der Arbeitnehmer ein unter der Senilität liegendes Durchschnittsalter der Aufsichtsratsmitglieder erreicht werden.

Dennoch fordert der DCGK zur Verhütung fortschreitender Vergreisung seit Längerem eine **obere Altersgrenze** für alle Aufsichtsratsmitglieder.[54] Hier streiten der Wunsch nach frühzeitigem Ruhestand und der

---

[53] DCGK, C.7.
[54] DCGK, C.2.

Fakt längerer Lebenserwartung mit dem Bedürfnis nach sozialen Kontakten. Die Botschaft des Kodexes lautet: Aufsichtsratsmitglieder sollen unabhängig, aber nicht unabgängig sein.

Der **Widerwille** gegen eine Altersgrenze rührt daher, dass körperlich unbeschädigte Aufsichtsräte von ihrem Amt und der Fülle ihrer Erfahrungen nachhaltig so begeistert sind, dass sie mit zunehmendem Alter jeden Gedanken an ihre irdische Vergänglichkeit verdrängen. Angesichts der gestiegenen Lebenserwartung der deutschen Bevölkerung fragt sich, ob die für Aufsichtsratsmitglieder übliche Altersgrenze von 70 bis 75 Jahren noch gehalten werden kann. Niemand sollte wegen seines Alters diskriminiert werden. Rüstigen 90-Jährigen darf die Gnade der späten Berufung in den Aufsichtsrat nicht verbaut werden. Für aufmüpfige 100-Jährige sind individuelle Ausnahmelösungen denkbar.

Eine untere Altersgrenze wurde mit 18 Jahren lediglich für Arbeitnehmervertreter eingeführt. Das Mindestalter von 18 Jahren soll verhindern, dass schutzwürdige Kinder oder unreife Jugendliche in den Aufsichtsrat geraten, der mit mehr oder weniger starrsinnigen Erwachsenen besetzt ist. Bei den Aktionärsvertretern bieten offenbar die landläufigen Karrierezeiten (Studium, Auslandsaufenthalt) oder die zeitaufwendige Suche nach Selbstverwirklichung genug Jugendschutz.

5 Innere Ordnung des Aufsichtsrats

Um dem Aufsichtsrat inneren Halt zu geben, sieht das Aktiengesetz für ihn eine „innere Ordnung" vor. Danach muss der Aufsichtsrat bei seiner Konstituierung als Erstes aus seiner Mitte einen Vorsitzenden und dessen Stellvertreter wählen. Im Übrigen empfiehlt sich die Verabschiedung einer Geschäftsordnung für den Aufsichtsrat.

5.1 Vorsitz

Der Aufsichtsratsvorsitzende ist für die Organisation und **Qualität der Aufsichtsratstätigkeit** verantwortlich. Er muss vor allem dafür sorgen, dass die Termine der Aufsichtsratssitzungen mit den Zeitplänen prominenter Aufsichtsratsmitglieder abgestimmt sind, damit die notwendige Präsenz der Mitglieder in den Aufsichtsratssitzungen sichergestellt ist. Außerdem muss er bedenken, dass die Aufsichtsratssitzungen zwischen den unverrückbar feststehenden An- und Abreisedaten illustrer Aufsichtsratsmitglieder zügig abgewickelt und die notwendigen Beschlüsse formal korrekt gefasst werden.

Bei der **Organisation** der Aufsichtsratsarbeit nutzt der Vorsitzende des Aufsichtsrats entweder ein ihm zugebilligtes Aufsichtsratssekretariat und/oder als vertraute Hilfskräfte den Vorstandsvorsitzenden und dessen Sekretariat. Unabhängig davon soll der Aufsichtsratsvorsitzende regelmäßigen Kontakt zum Vorstand und insbesondere zu dessen Vorsitzenden pflegen, um ständig über Zustand und Entwicklung des Unternehmens informiert zu sein und dem Vorstand bei der Geschäftsführung in die Augen, auf die Finger und in die Karten zu schauen. Gleichzeitig muss er darauf achten, dass alle Aufsichtsratsmitglieder regelmäßig und zeitnah über die Lage und Entwicklung des Unternehmens informiert werden und rechtzeitig notwendige Beschlussunterlagen erhalten.

5.2 Geschäftsordnung

Der Aufsichtsrat sollte sich eine Geschäftsordnung geben, in der folgende Themen und Abläufe geregelt sind:

- Wahl des Vorsitzenden und seines Stellvertreters (Wahlverfahren),

- Einberufung von Aufsichtsratssitzungen (Frequenz, Fristen, Zuständigkeit, außerordentliche Sitzungen, Sitzungsunterlagen),
- Teilnahme Dritter an Aufsichtsratssitzungen (Vorstand, Sachverständige, Auskunftspersonen, Hilfskräfte),
- Beschlussfähigkeit und Beschlussfassung (Stimmbotschaften, Beschlussfassung außerhalb von Sitzungen, zulässige Telekommunikationsmittel),
- Sitzungsprotokoll (Protokollführer, Genehmigung des Protokolls),
- Kommunikation zwischen den Aufsichtsratssitzungen, Art und Weise der regelmäßigen Unterrichtung der Aufsichtsratsmitglieder, insbesondere durch den Vorstand,
- Bestimmung zustimmungspflichtiger Geschäfte und Zustimmungsverfahren,
- Ermächtigung des Vorsitzenden zur Durchführung von Beschlüssen des Aufsichtsrats sowie zur Entgegennahme und Abgabe von Erklärungen,
- Einrichtung, Aufgaben, Zuständigkeiten und Berichtspflichten von Ausschüssen sowie die Wahl ihrer Mitglieder,
- Behandlung von Interessenkonflikten (z.B. bei Beratungsverträgen mit Aufsichtsratsmitgliedern, Wettbewerbsverbot),
- besondere Maßnahmen zur Wahrung der Vertraulichkeit und Verschwiegenheit (Verschlusssachen, Archivierung),
- Hinweis auf eine Spesenordnung.

5.3 Sitzungen

5.3.1 Art und Weise

Die Zusammenkünfte der Aufsichtsratsmitglieder finden üblicher Weise im Sitzen statt, damit niemand bei einer Beschlussfassung umfallen kann. **Sitzungen** entsprechen als Kompromiss zwischen Stehen und Liegen der gewöhnlichen Lebensweise von Geistesarbeitern und ihren Gremien. Dementsprechend vollzieht sich die Tätigkeit des Aufsichtsrats in Form eines regen Sitzungsbetriebs, der von Terminplan und Tagesordnung über Sitzungsraum (Ausstattung, Klima) und Verpflegung der Teilnehmer (feste und flüssige Nahrung) bis zur Art und Dauer der Sitzungen (Arbeits- und Ausschusssitzungen, Besprechungen und Konferenzen) bestimmt wird.

Für die Teilnehmer der Aufsichtsratssitzungen ist eine der Amtswürde angemessene formelle **Garderobe** angesagt, wie sie bei Konzert- und Kirchenbesuchen als klassisch getragen wird. Die Folge ist, dass in den Sitzungen des Aufsichtsrats und seiner Ausschüsse Menschen versammelt sind, die alle unbequeme Kleidung tragen und lieber woanders wären.

Bei Unternehmen, die der paritätischen Mitbestimmung unterliegen, ist es zur Gewohnheit geworden, dass sich die Vertreter der Arbeitnehmer und der Anteilseigner vor jeder Aufsichtsratssitzung getrennt zu **Vorbesprechungen** treffen, um ihre Begeisterung oder ihr Unbehagen zu den einzelnen Tagesordnungspunkten der bevorstehenden Plenumssitzung zu artikulieren und zu beraten, ob und wie die anstehenden Beschlüsse interessenwahrend formuliert werden sollten. In der anschließenden Aufsichtsratssitzung setzen sich beide Gruppen zusammen, um sich über einen gemeinsamen Beschluss auseinanderzusetzen.

Inzwischen gehören die Vorbesprechungen zum kultischen Ritual aufgeklärter Mitbestimmung. An den Vorbesprechungen nehmen i.d.R der Vorstand oder speziell zuständige und auskunftsfähige Vorstandsmitglieder teil. Die Vor-Sitzungen bieten dem Vorstand die Chance, durch zielgruppenorientierte Informationen, die nach den Interessen und dem Geheimhaltungsvermögen der Adressaten abgestuft sind, die notwendigen oder gewünschten Entscheidungen des Aufsichtsrats in der Plenumssitzung zu beschleunigen.

Das verbreitete Verfahren mit zwei „Vor-Sitzungen" der genannten Aufsichtsratsgruppen und einer „eigentliche Aufsichtsratssitzung" kann man als triviales System bezeichnen, obwohl es keineswegs banal ist. Die Begeisterung für dieses Trivialität oder Dreiwegigkeit, die vor allem den unterschiedlichen Interessen von Anteilseigner- und Arbeitnehmervertreter zu verdanken ist, hält sich allerdings in den engen deutschen Grenzen.

5.3.2 Sitzungsfrequenz

Der Aufsichtsrat muss nach dem Gesetz mindestens zwei Sitzungen im Kalenderhalbjahr abhalten; in nicht börsennotierten Gesellschaften genügt eine Sitzung im Kalenderhalbjahr (§ 110 Abs. 3 AktG). Die

Verteilung auf Kalenderhalbjahre dient sowohl einer verstetigten Beschäftigung der Aufsichtsratsmitglieder als auch einer kontinuierlichen Erledigung ihrer anderen Haupt- und Nebentätigkeiten. Zum Verdruss anderweitig eingespannter Aufsichtsratsmitglieder kann in Notlagen des Unternehmens eine höhere Sitzungsfolge erforderlich sein. Außerdem kann jedes Aufsichtsratsmitglied oder der Vorstand die Einberufung einer Aufsichtsratssitzung verlangen.

Die Festlegung der **Sitzungstermine** ist seit jeher der am lebhaftesten diskutierte Tagesordnungspunkt jeder Aufsichtsratssitzung. Der Gesetzgeber hat sich keine erkennbaren Gedanken darüber gemacht, wie sich bei der typischen Zeitnot hochgeschätzter Aufsichtsratsmitglieder für die gesetzlich vorgeschriebene Sitzungsfrequenz Termine finden lassen, die allen Mitgliedern passen. Um die notwendige Koordinierung und endgültige Festlegung der Termine abzukürzen, hat sich ihre Verlagerung auf die Sekretariate von Aufsichtsrats- und Vorstandsmitgliedern bewährt.

Außerdem empfiehlt es sich, im Interesse allseitiger Präsenz und zur Straffung der Terminfestlegungen vor oder zu Beginn des Geschäftsjahres für alle **ordentlichen Aufsichtsratssitzungen** die Termine und die routinemäßigen Themen festzulegen. Standardthema jeder Aufsichtsratssitzung ist der Bericht des Vorstands über die aktuelle wirtschaftliche Lage und Entwicklung des Unternehmens. Hinzukommen akute Probleme, Vorhaben und Maßnahmen, soweit nicht eine außerordentliche Aufsichtsratssitzung angesagt ist.

Wenn das Geschäftsjahr mit dem Kalenderjahr übereinstimmt, bieten sich folgende Termine und **Themenschwerpunkte** der ordentlichen Aufsichtsratssitzungen an.

- März/April (Bescherung):
  - Bilanzsitzung: Verabschiedung von Jahresabschluss und Lagebericht und sonstiger Rechnungslegung für das vergangene Geschäftsjahr,
  - Vorbereitung der ordentlichen Hauptversammlung (Bericht des Aufsichtsrats, Gewinnverwendungsbeschluss, Wahlvorschlag für den Abschlussprüfer, Formulierung der Entlastungsbeschlüsse);

- Juni (Routine):
  - Geschäftspolitik, Nachhaltigkeitsziele, strategische Ausrichtung des Unternehmens,
  - größere Investitionsvorhaben,
  - Managementstruktur, Vorstandsfragen;
  - Selbstbeurteilung des Aufsichtsrats,

- September/Oktober (Hausarbeiten):
  - Finanzpolitik, Finanzierung,
  - Internes Kontroll- und Risikomanagement-System,
  - Ausblick auf die bevorstehende Unternehmensplanung;

- November/Dezember (Hoffnungen):
  - Vorschau auf Abschluss und Jahresergebnis,
  - Verabschiedung der Unternehmensplanung und des Budgets für das kommende Geschäftsjahr.

Die Termine für Ausschusssitzungen und Vorbesprechungen sind diesem Terminplan anzupassen. Außerordentliche Aufsichtsratssitzungen werden ad hoc und möglichst unter Einhaltung der Einladungsfristen angesetzt.

Die strikte Vertraulichkeit der Aufsichtsratsarbeit lässt eine Überprüfung ihrer Wirksamkeit durch Außenstehende nicht zu. Daher soll der Aufsichtsrat regelmäßig selbst beurteilen, wie wirksam er und seine Ausschüsse die ihnen übertragenen Aufgaben erfüllen. In der Erklärung zur Unternehmensführung (Kapitel F.2) ist zu berichten, ob und wie diese **Selbstevaluierung** durchgeführt wurde.[55]

5.3.3 Sitzungsgeld

Aufsichtsratsmitglieder genießen die Nachfrage nach ihrer Anwesenheit, leiden aber – wie schon gesagt – ständig unter großem Zeitdruck. Daher ist ihre Präsenz in den Aufsichtsrats- und Ausschusssitzungen ein brisantes Thema. Als **Präsenzanreiz** genügt nicht, dass den durch Funk, Fernsehen und andere Medien verwöhnten Aufsichtsräten ein attraktives Beiprogramm geboten wird, das von einer warmen Mahlzeit

---

[55] DCGK D.12. Eine Checkliste zur Effizienzprüfung findet sich bei *Scheffler*, Der Aufsichtsrat, 3. Auflage 2020, S. 42 f.

über exotische Tagungsorte bis zu Festspielen und ähnlichen Events reicht.

Um die gemeinsame Zusammenkunft und Beschlussfähigkeit des Aufsichtsrats sicherzustellen, wird von vielen Unternehmen als Stimulanz für die Teilnahme an Aufsichtsrats- und Ausschusssitzungen ein Sitzungsgeld gezahlt. Großzügige Unternehmen gewähren sogar Sitzungsgelder für Telefon- und Videokonferenzen, für Telefonate mit dem Aufsichtsratsvorsitzenden oder für amtsbezogene Anfragen bei Vorstandsmitgliedern. In desparaten Fällen wird sogar über ein Lesegeld für die Lektüre der Vorstandsberichte und Sitzungsunterlagen nachgedacht.

Die Sitzungsgelder werden meist zu Beginn der Sitzung **in bar** und in nobel wattierten Briefumschlägen an den Sitzplätzen der Aufsichtsratsmitglieder ausgelegt oder überreicht, damit sie unmittelbar nach Eintritt in die Tagesordnung unauffällig nachgezählt werden können. Die Sitzungsgelder sind im Gegensatz zu den normalen Aufsichtsratsvergütungen (Kapitel A.5) i.d.R. weder gewerkschaftlich noch konzernintern und bei Verschwiegenheit auch nicht im privaten Haushalt der Begünstigten abgabepflichtig. Sie sind daher ein willkommenes, offenbar dringend benötigtes Taschengeld für bargeldarme Aufsichtsräte.

Ein stärkeres Druckmittel zur Durchsetzung der Präsenzpflicht wäre bei selbst verschuldeter Abwesenheit eine Kürzung der Aufsichtsratsvergütung. Sie könnte nach dem Verhältnis der Gesamtzahl oder Gesamtstunden der Aufsichtsrats- und Ausschusssitzungen des Jahres zur Anzahl oder zu den Stunden der versäumten Sitzungen berechnet werden. Wegen der Auswirkungen auf die Höhe der an Gewerkschaften und andere Institutionen abzuführenden Vergütungen wurde bisher auf diese Maßnahme offensichtlich verzichtet.

5.3.4 Sitzungsteilnehmer

Haupt- und manchmal Allein-Teilnehmer der Sitzungen sind natürlich sämtliche **Mitglieder des Aufsichtsrats**, für die eine generelle Präsenzpflicht gilt. Vertreter, Bewährungshelfer und andere Begleitpersonen, wie Aktenträger, aber auch Lebenspartner und andere Pflegepersonen sind als Sitzungsteilnehmer grundsätzlich nicht zugelassen. Damit soll die gebotene Diskretion der Beratungen und Beschlussfassungen des Aufsichtsrats gewahrt werden.

Die **Mitglieder des Vorstands** haben kein gesetzliches Teilnahmerecht, werden aber regelmäßig und unerbittlich in voller Mannschaftsstärke zu den Aufsichtsratssitzungen eingeladen. Sie müssen dem Aufsichtsrat bei allen Punkten der Tagesordnung und zu Klagen über Unterbringung oder fehlende Unterlagen Rede und Antwort stehen.

Zur Gewinnung von Selbstvertrauen und Selbstständigkeit soll der Aufsichtsrat laut Kodex regelmäßig auch ohne den Vorstand tagen.[56] Der Aufsichtsrat muss die dann fehlende direkte Betreuung durch den Vorstand tapfer ertragen, während der Vorstand verkraften muss, dass er oder einzelne Mitglieder ins geheime Gerede des Aufsichtsrats kommen können.

Als Hausherr und Gastgeber ist der Vorstand mit und ohne Teilnahme an der Sitzung für den würdigen äußeren Rahmen der Aufsichtsratssitzung (z.B. räumliche und technische Ausstattung) und das wohltemperierte Raum- und Wohlfühlklima zuständig. Da dies zu seinen normalen Aufgaben gehört, haben seine Mitglieder selbst bei Sitzungsteilnahme keinen Anspruch auf Sitzungsgeld.

Der Aufsichtsrat kann zu einzelnen Tagesordnungspunkten **Sachverständige**[57] oder Experten (Kapitel B.5.3.5) heranziehen, wenn er dies zur weiteren Analyse und Beurteilung von Beratungsgegenständen für erforderlich hält.

Wird der Abschlussprüfer als Sachverständiger hinzugezogen, soll bei Unternehmen von öffentlichem Interesse der Vorstand an der Aufsichtsratssitzung nur teilnehmen, wenn der Aufsichtsrat seine Teilnahme für erforderlich hält (§ 109 Abs. 5 AktG). Diese Regelung soll die vertrauliche Kommunikation des Aufsichtsrats mit dem Abschlussprüfer stärken.[58] Zur Bilanzsitzung des Aufsichtsrats siehe Kapitel E.4.2.

---

[56] DCGK D.6.
[57] § 109 AktG.
[58] BT-Drs. 19/26987, S. 178.

5.3.5 Sachverständige und Co.

In der heutigen Zeit gibt es auf allen Gebieten mehr Experten als Sachverstand. Sie werden gebraucht, wenn Entscheider und Aufpasser eigenen Sachverstand vermissen. An die Stelle von Universalgelehrten sind heute Spezialexperten getreten, denen auf ihrem eng begrenzten Fachgebiet zu jeder Problematik fachlich anmutende Binsenweisheiten einfallen. Die früher vereinzelt auftretenden Genies wurden durch die zunehmende Anzahl von Experten und Bürokraten niedergetrampelt, sodass sie nahezu ausgestorben sind.

Experten sind Leute, die auf einem eng begrenzten Fachgebiet immer mehr über immer weniger wissen, bis sie nur noch wissen, dass sie Experten sind. Das ist mehr als andere wissen und macht sie überlegen. Sie glauben, dass sie eigentlich alles wissen. Allein gelassen, entdecken sie ständig neue virtuelle Probleme, für die sie meist unbrauchbare Lösungen entwickeln.

Beseelt von ihrem Sendungsbewusstsein teilen Experten ihre Meinungen auch ungefragt bei jeder Gelegenheit mit. Sie sind daher bevorzugte Gäste in Talkshows und Expertenrunden. Ihre unbestreitbare Kompetenz gipfelt in dem Erklärungsversuch, warum es anders gekommen ist als sie vorausgesagt haben.

Vorsicht ist geboten, wenn sich Experten einig sind. Wenn nach ihrer gemeinsamen Meinung etwas nicht geht, kommt häufig jemand, der das nicht wusste, und es einfach gemacht hat. Die konsternierten Experten werden dann konstatieren, dass der Macher die Risiken seiner erfolggekrönten Machenschaften nicht bedacht hat und sie eigentlich nicht hätte machen dürfen.

Vom Experten ist der **Fachmann** zu unterscheiden. Er hat auf seinem Fachgebiet alle möglichen Fehler begangen und erkennt einen Fehler bei Wiederholung sofort, sodass er ihn höchst wahrscheinlich vermeiden kann. Der Fachmann denkt nicht, er weiß. Er weiß, wo und wie er nachforschen und erfahren kann, was er nicht weiß. Das macht ihn bei vorhersehbaren Komplikationen für verantwortliche Experten und Manager unentbehrlich.

Bei anhaltenden Schwierigkeiten in Unternehmen und Behörden gerät der Fachmann wegen seines Wissens in Gefahr, zum Manager oder Referatsleiter und damit zum Experten befördert zu werden.

Neben Experten und Fachleuten gibt es noch **Sachverständige**. Sie sehen ihre Hauptaufgabe darin, andere Menschen von ihrer Unwissenheit zu überzeugen und eine schwierige Situation als hoffnungslosen Zustand darzustellen, der nur durch ihre honorarpflichtigen Hinweise überwunden werden kann.

Sachverständige sind meist Fachleute, deren Karriere als normale Beschäftigte relativ früh abgeknickt ist und die nun ihren Unterhalt damit verdienen, dass sie für andere Personen und Institutionen Probleme aufdecken und Problemlösungen suchen. Ihr Rat ist teuer, wobei die teuersten Statements als die sachverständigsten gelten. Die kolossale Breite ihrer Kenntnisse und Erfahrungen unterstreichen Sachverständige dadurch, dass sie auch am Rande liegende oder irrelevante Probleme ansprechen, gleichartige Lösungsvorschläge evaluieren und patente Erledigung versprechen.

Als Aufsichtsratsmitglieder sind Sachverständige nur selten anzutreffen, weil sie als solche den Vorstand ohne Extrahonorare beraten müssten. Im Übrigen bedürfen Beratungsverträge mit Aufsichtsratsmitgliedern der Zustimmung durch den Aufsichtsrat (§ 114 AktG). Dabei muss der Beratungsgegenstand klar definiert und von den Beratungsaufgaben des Aufsichtsrats abgegrenzt sein.

Sachverständige und Fachleute werden von Vorstand oder Aufsichtsrat üblicherweise erst dann hinzugezogen, wenn ein Problem oder eine Katastrophe nicht mehr zu übersehen ist und ihre Organverantwortlichkeit berührt werden könnte.

Experten, Fachleute und Sachverständige haben in erster Linie mit **Amateuren und Laien** zu tun, die ihnen als besorgte und hilfesuchende Gesprächs- und Geschäftspartner mit Demut gegenübertreten. Als Laien oder Amateure bezeichnen Experten diejenigen, die sich einem Problem ihres Fachgebietes unbefangen nähern und zu seiner Lösung den gesunden Menschenverstand benutzen – ein Vorgehen, das Experten grundsätzlich als unprofessionell ablehnen. Experten sind daher aufs Höchste verärgert, wenn Laien etwas Sinnvolles einfällt, an das sie nicht gedacht haben.

Noch schlimmer ist es, wenn ihnen Ignoranten gegenüberstehen, also Menschen, die nichts wissen, aber sich auch nichts sagen lassen. Ihnen ist kein Fachgebiet zu schade, um als Dilettanten das mit besonderem Eifer zu tun, was sie nicht können. Sie brauchen ein Problem nicht erst zu kennen, um es mit Plattitüden zu lösen. Wenn das nicht hilft, schalten sie Experten und Co. ein, die dafür sorgen sollen, dass sie keine Verantwortung tragen.

5.3.6 Beschlussfassung

Der Aufsichtsrat entscheidet durch einstimmigen oder mehrheitlichen Beschluss, an dem mindestens die Hälfte der Aufsichtsratsmitglieder, auf jeden Fall aber drei Aufsichtsratsmitglieder beteiligt sein müssen (§ 108 AktG). Die Aufsichtsräte beschließen im Sitzen, da flaue Magengefühle so leichter zu ertragen sind. Oft wird der Sitzungsraum abgedunkelt, um die Kopfschmerzen bei mühsam abzuringenden Beschlüssen zu lindern.

Bei kritischen Themenstellungen sollte die Aufsichtsratssitzung im Interesse einer zügigen Abwicklung nach dem obligatorischen Festmahl angesetzt werden, denn ein voller Bauch moniert nicht gern. Andererseits können aufkommende Hungergefühle die Beschlussfassung beschleunigen.

Über jede Sitzung und jeden Beschluss des Aufsichtsrats ist ein **Protokoll** zu führen (§ 107 Abs. 2 AktG), damit jedes Aufsichtsratsmitglied nachlesen kann, was während seiner geistigen oder körperlichen Abwesenheit gemacht, geredet und beschlossen wurde. Um rechtlich unangreifbare Protokolle zu gewährleisten, kann ein versierter Protokollführer bestimmt werden, der nicht dem Aufsichtsrat oder dem Vorstand angehören muss. Häufig wird als Rechtskundiger der Justiziar der Gesellschaft mit der Protokollführung beauftragt.

5.4 Ausschüsse

Zahlenstarke Aufsichtsräte sind aufgefordert, den durch ihren Mitgliederüberschuss verursachten Ausschuss durch die Einrichtung von fachlich qualifizierten Ausschüssen zu verringern.[59] Ausschüsse dienen insbesondere der Vorbereitung von Aufsichtsratsbeschlüssen und zur intensiveren Überwachung ihrer Durchführung. Die Anzahl der Ausschüsse sollte von der Zweckmäßigkeit bestimmt sein.

Für die von der paritätischen Mitbestimmung heimgesuchten Unternehmen ist ein sog. Vermittlungsausschuss und bei Unternehmen von öffentlichem Interesse auch ein Prüfungsausschuss gesetzlich vorgeschrieben (Kapitel B.5.4.2 und 5.4.4). Im Übrigen ist die Zahl möglicher Aufsichtsratsausschüsse gesetzlich nicht begrenzt, sodass jedes Aufsichtsratsmitglied in einem Ausschuss untergebracht werden kann. Das ist wichtig für die (finanzielle) Gleichbehandlung der Aufsichtsratsmitglieder.

Auf der anderen Seite ist zu bedenken, dass wesentliche Aufsichtsratspflichten, wie die Bestellung und Vergütungsregelung für Vorstandsmitglieder oder die Prüfung des Jahresabschlusses, nicht an einen Ausschuss delegiert werden können. Insoweit ist jedes Aufsichtsratsmitglied persönlich gefordert.

5.4.1 Präsidium

Bei Aufsichtsräten mit größerer Population erleichtert die Einrichtung eines Präsidiums den Überblick. Dieser besondere Ausschuss setzt sich i.d.R. aus dem Vorsitzenden des Aufsichtsrats, dessen Stellvertreter und zwei weiteren prominenten (Multi-)Aufsichtsräten oder Vertretern der Arbeitnehmer zusammen. Das Präsidium unterstützt den Aufsichtsratsvorsitzenden bei der Vorbereitung und Durchführung der Aufsichtsratssitzungen.

Ein Präsidium bewährt sich insbesondere in kritischen Situationen des Unternehmens und bei schwierigen Beratungsthemen und Beschlussvorlagen, um einen gesitteten Verlauf der Aufsichtsratssitzung zu garantieren. Das Präsidium diskutiert u.a. die Hinzuziehung von Experten,

---

[59] So schon Begründung zum KonTraG (*Ernst/Seibert/Stuckert* [1998], S. 77). Siehe auch *Müllheimer*, Die Entleerung der Vollversammlung, Stanford 2018.

den Ausschluss von Vorstandsmitgliedern und die Formulierungen anstehender heikler Beschlüsse im Aufsichtsratsplenum.

Den Mitgliedern dieser erstrangigen Taskforce gebührt in den Aufsichtsratssitzungen eine exponierte Sitzposition, um die gemeinen Mitglieder des Aufsichtsrats und etwaige andere Sitzungsteilnehmer voll im Blick zu haben und Präsentationen optimal hören und sehen zu können.

5.4.2 Vermittlungsausschuss

Der bei mitbestimmten Unternehmen zwingend vorgeschriebene Vermittlungsausschuss besteht aus dem Aufsichtsratsvorsitzenden, dessen Stellvertreter sowie je einem Vertreter der Anteilseigner und der Arbeitnehmer. Der Vermittlungsausschuss soll Personalvorschläge für die Bestellung und Abberufung von Vorstandsmitgliedern machen, wenn die dafür erforderliche Zwei-Drittel-Mehrheit nicht erreicht wird.[60]

In diesem Zusammenhang hat sich der Brauch entwickelt, dass bei mitbestimmten Unternehmen auch andere Aufsichtsratsausschüsse meist paritätisch und mit mindestens der Hälfte der Aufsichtsratsmitglieder besetzt werden, sodass die Ineffizienz des Plenums auf die Ausschüsse ohne große Umstände übertragen wird.

5.4.3 Nominierungsausschuss

Der DCGK empfiehlt, einen Nominierungsausschuss einzusetzen, der ausschließlich aus Vertretern der Anteilseigner besteht und der dem Aufsichtsrat geeignete Kandidaten für dessen Wahlvorschlag an die Hauptversammlung benennt (DCGK D.4).

Bei mitbestimmten Unternehmen ist manchmal ein um Arbeitnehmervertreter erweiterter Nominierungsausschuss üblich, der für den Aufsichtsrat und seinen Vermittlungsausschuss Vorschläge zur Nominierung und Bestellung von Vorstandsmitgliedern, zu Vorstandsvergütungen oder zu sonstigen Vorstandsangelegenheiten erarbeitet.

---

[60] § 27 Abs. 3 i.V.m. § 31 Abs. 2 und 5 MitBestG.

5.4.4 Prüfungsausschuss

Die **Einrichtung** eines Prüfungsausschusses ist für Unternehmen von öffentlichem Interesse (§ 316a HGB) ausdrücklich vorgeschrieben (§ 107 Abs. 4 AktG) und wird für andere größere Unternehmen dringend empfohlen. Der Prüfungsausschuss wird weltweit als Prophylaxe gegen Unregelmäßigkeiten, Bilanzdelikte und Kontrollschwächen gepriesen. Er soll engen Kontakt zum Abschlussprüfer pflegen.

Zu Risiken und Nebenwirkungen eines Prüfungsausschusses sollte die Geschäftsordnung gelesen oder der Betriebsarzt gefragt werden. Zuvor muss man wissen, dass mit Prüfungsausschuss weder unlesbare Berichtsentwürfe des Abschlussprüfers noch unangebrachte Prüfungszeichen unerfahrener Prüfungsassistenten gemeint sind. Vielmehr ist der Prüfungsausschuss ein bilanzscharf eingestelltes Sondereinsatzkommando des Aufsichtsrats.

Entgegen der landläufigen Meinung kann ein Prüfungsausschuss auch ohne Aufsichtsrat existieren. Unternehmen von öffentlichem Interesse, die keinen Aufsichtsrat oder Verwaltungsrat haben,[61] müssen einen Prüfungsausschuss mit mindestens einem Finanzexperten einrichten (§ 324 HGB). Die Mitglieder des Prüfungsausschusses sind von den Gesellschaftern der Kapitalgesellschaft zu wählen.

Der Prüfungsausschuss befasst sich mit folgenden **Themen:**

- Wirksamkeit des Internen Kontroll- und Compliance-Systems und des Risikomanagementsystems,
- Tätigkeiten und Feststellungen der internen Revision,
- Rechnungslegungsprozess (Kapitel E.1.4),
- Abschlussprüfung (insbesondere Unabhängigkeit des Abschlussprüfers und Qualität der Abschlussprüfung; (§ 107 Abs. 3 AktG) und
- vom Abschlussprüfer zusätzlich erbrachten Leistungen.

Der letztgenannte Punkt ist insbesondere bei Unternehmen von öffentlichem Interesse von Bedeutung, weil zur Wahrung der Unabhängigkeit

---

[61] Dieser Rückfall in das monistische System betrifft die SE.

und Neutralität dem Abschlussprüfer jegliche Nichtprüfungsleistungen, wie Steuerberatung u.a., untersagt sind (§§ 319 f. HGB).

Bei Unternehmen von öffentlichem Interesse hat der Gesetzgeber den Mitgliedern des Prüfungsausschusses ein individuelles und **direktes Auskunftsrecht** eingeräumt, von dem sie Gebrauch machen müssen, wenn aus der Überwachungsverantwortung eine Auskunftseinholung geboten ist. Sie können über den Ausschussvorsitzenden unmittelbar, d.h. ohne Einschaltung des Vorstands, bei den Leitern der für die vorstehend genannten Überwachungsthemen zuständigen Zentralbereiche Auskünfte einholen (§ 107 Abs. 4 AktG). Betroffen sind in erster Linie die Bereichsleiter, die für die Buchführung und Rechnungslegung, das Controlling (Unternehmensplanung, kurzfristige Erfolgsrechnung), das Risiko- und Compliance-Management und für die interne Revision zuständig sind.

Diesen unerhörten Eingriff in die **Auskunftshoheit des Vorstands** hat der Gesetzgeber immerhin durch die Einschaltung des Ausschussvorsitzenden erschwert.[62] Bevor der Ausschussvorsitzende das Auskunftsersuchen an die Bereichsleiter weiterleitet, muss er prüfen, ob die gewünschte Auskunft die Aufgaben des Prüfungsausschusses berührt. Um Missverständnisse oder Kompetenzüberschreitungen zu vermeiden, wird er auf der schriftlichen Formulierung des Auskunftsersuchens bestehen. Die dann erteilte Auskunft hat der Ausschussvorsitzende allen Mitgliedern des Prüfungsausschusses mitzuteilen. Der Vorstand ist über die Auskunftseinholung unverzüglich zu informieren.

Der umfangreiche Aufgabenkatalog für den Prüfungsausschuss macht deutlich, dass dieser einen flexiblen **Vorsitzenden** braucht, der als Ansprechpartner, Sitzungsleiter und Bote geeignet ist. An ihn werden hohe Anforderungen gestellt. Er soll unabhängig vom Unternehmen, von dessen Vorstand und einem kontrollierenden Aktionär sein und soll mindestens auf dem Gebiet der Abschlussprüfung oder der Rechnungslegung sachverständig sein.[63]

---

[62] *Vetter*, Das Auskunftsrecht des Prüfungsausschusses nach § 107 Abs. 4 AktG, AG 2021, S. 584 ff.
[63] DCGK D.3.

Der DCGK empfiehlt, dass der Aufsichtsratsvorsitzende nicht den Vorsitz im Prüfungsausschuss innehaben soll. Er lässt offen, ob damit der Aufsichtsratsvorsitzende vor Überlastung geschützt oder seine Machtfülle begrenzt werden soll.

5.4.5 Sonstige Ausschüsse

Über die genannten Ausschüsse hinaus kann der Aufsichtsrat für alle möglichen ihn interessierenden Themenbereiche, mit denen sich nicht alle Aufsichtsratsmitglieder näher befassen wollen oder müssen, einen Ausschuss bilden.

Die Einrichtung eines Investitionsausschusses bietet sich an, wenn große Investitionsvorhaben zu genehmigen und zu überwachen sind. Auch für die Zustimmung für Geschäfte mit nahestehenden Personen[64] kann ein Ausschuss eingerichtet werden (Kapitel D.4.2). Denkbar ist auch ein Veranstaltungsausschuss für Betriebsversammlungen, Firmenjubiläen oder Teilnahme am Christopher-Street-Day.

Angesichts der Extensität der Nachhaltigkeitsvorgaben erscheint als Parallele zum Prüfungsausschuss die Einrichtung eines Nachhaltigkeitsausschusses unausweichlich, der sich näher mit der Nachhaltigkeitspolitik und etwaigen Nachhaltigkeitsinitiativen des Unternehmens, mit der einschlägigen Compliance oder mit der Kontaktpflege zu relevanten Umwelt- und Menschenrechtsorganisationen befasst.

---

[64] § 111b Abs. 1 AktG.

6 Tatorte

6.1 Sitzungen und Heimarbeit

Der Aufsichtsrat und seine Ausschüsse tagen i.d.R. hinter verschlossenen Türen in der Abgeschiedenheit eines Sitzungsraums und fassen dort, abgeschirmt von der Außenwelt, ihre wichtigen Beschlüsse. Insofern erfolgt die Aufsicht ohne Aufsehen.

Die **Sitzungen** des Aufsichtsrats finden meistens am Firmensitz statt. Bei größeren Unternehmen werden aus überwachungsrelevanten, reisetechnischen oder allgemeinbildenden Gründen Sitzungen auch an anderen Standorten des Unternehmens oder in leicht zugänglichen Metropolen anberaumt.

Zwischen den Sitzungen arbeitet jedes Aufsichtsratsmitglied allein im *Homeoffice.* Die ins Heim gelangten Aufsichtsratsunterlagen sind sicher vor Kindern und neugierigen Erwachsenen aufzubewahren. Um dem häuslichen Stress zu entgehen oder um die gewohnte Arbeitsatmosphäre zu spüren, verlagern viele Aufsichtsratsmitglieder ihre Heimarbeit in die Örtlichkeiten ihres Hauptberufs, zumal dort professionelle Hilfsmittel, wie Computer, Sekretärin oder Assistenten, zur Verfügung stehen und keine lärmenden Kinder stören.

Die von Außenstehenden oft übersehene und unterschätzte **Heimarbeit** der Aufsichtsratsmitglieder betrifft

- die Sicherheitsverwahrung mitgenommener Sitzungsunterlagen und anderer mandatsbezogener Verschlusssachen,
- die Durchsicht und/oder Ablage zugegangener Berichte des Vorstands und der Tagesordnung der nächsten Sitzung,
- in sehr seltenen Fällen Rückfragen beim Aufsichtsrats- oder Vorstandsvorsitzenden (z.B. Bestätigung des nächsten Sitzungstermins) und
- die Vorbereitung auf die nächste Sitzung (Reiseplanung, Auswahl des Reisegepäcks einschließlich Reiselektüre).

Auch als Heimarbeiter muss das Aufsichtsratsmitglied alle ins Heim gelangten Aufsichtsratsunterlagen vertraulich behandeln. Die Vertraulichkeit ist auch gegenüber angetrauten oder vertrauten Personen zu beachten. Das gewissenhafte Aufsichtsratsmitglied kann sich allenfalls bei geringer Geheimhaltungsstufe der Unterlagen oder bei deren anderweitig erfolgter Veröffentlichung Ausnahmen leisten, z.B. für die Termine und Reisepläne für Aufsichtsratssitzungen, die vom Sekretariat organisiert werden. Sonst dürfen Hilfskräfte nur hinzugezogen werden, wenn sie absolut vertrauenswürdig sind und unter Eid zur Verschwiegenheit verpflichtet wurden.

6.2 Virtuelle Sitzungen

Durch die zunehmenden Möglichkeiten eines körper- und drahtlosen Informations- und Gedankenaustausches werden körperliche Sitzungen immer mehr durch virtuelle Veranstaltungen ersetzt. Anstelle der von Aufsichtsräten dringend benötigten Sitzungsgelder (Kapitel B.5.3.3) wird es künftig kommunikationsabhängige Vergütungen geben, die sich nach Anzahl und Frequenz der Aufrufe einschlägiger Websites, E-Mails und Tweets richten. Überwachungsrelevante Tweets werden voraussichtlich stark zunehmen, da man nicht denken muss, ehe man sie absetzt.

Erzkonservative Kreise bestehen allerdings auf einem **Minimum von Präsenzsitzungen.** Sie fordern, dass sich die Aufsichtsratsmitglieder zumindest bei der konstituierenden Sitzung und bei der Bestellung oder Abberufung von Vorstandsmitgliedern in die Augen sehen müssen. Sie lassen als Gegenargument nicht gelten, dass die Personalkompetenz des Aufsichtsrats durch Künstliche Intelligenz wesentlich verbessert werden kann.[65]

Ungeklärt ist noch, ob virtuelle Haupt- oder **Gesellschafterversammlungen** ohne Präsenz der Organmitglieder auf Dauer akzeptabel sind oder ob sie zumindest alle zwölf Jahre stattfinden müssen. Unternehmensnahe Seelsorger fragen schon jetzt besorgt, ob eine persönliche Begegnung der Aufsichtsratsmitglieder bei der jährlichen Haupt- oder Gesellschafterversammlung ausreicht oder ob zur Vermeidung von Verwahrlosung die Aufsichtsräte wenigstens zweimal im Jahr gemeinsam eine warme Mahlzeit einnehmen sollten.

---

[65] Nach jüngsten Forschungsergebnissen von US-Ökonomen ist Künstliche Intelligenz besser als natürliche geeignet, um erfolgreiche Manager zu identifizieren *Lea Stern et al.*, Selecting Directors using Learning Machines.

7 Budget

Für die Wahrnehmung der Aufsichtsratspflichten und -aufgaben, namentlich für die Überwachungstätigkeit, fallen nicht unerhebliche Aufwendungen an. Es muss gewährleistet sein, dass für notwendig und angemessene Tätigkeiten und Maßnahmen des Aufsichtsrats vom Unternehmen die finanzielle Mittel bereitgestellt werden. Insofern muss der Vorstand für ein angemessenes Budget sorgen.

Neben der Vergütung der Aufsichtsratsmitglieder, die klar geregelt ist, ist mit folgenden **Aufwendungen** zu rechnen:

- Reise-, Aufenthalts- und Übernachtungskosten der Aufsichtsratsmitglieder für Sitzungen, Besuche von Unternehmensstandorten oder Tochterunternehmen,
- Organisation und Vorbereitung von Sitzungen, z.B. Bereitstellung von Kommunikationstechnik, Catering, Schriftverkehr, Abholdienste,
- Hinzuziehung von Sachverständigen und Beratern, Durchführung von Sonderuntersuchungen und -prüfungen,
- Prüfungsauftrag an den Abschlussprüfer einschließlich etwaiger Erweiterungen,
- Fortbildung, Teilnahme an Kongressen.

Kapitel C

DIE PERSONALKOMPETENZ DES AUFSICHTSRATS

1. Eingrenzung 85
2. Auswahl und Bestellung von Vorstandsmitgliedern 87
3. Human Relations 95
4. Vergütung der Vorstandsmitglieder 98
5. Nebentätigkeiten der Vorstandsmitglieder 104

1 Eingrenzung

Eine gesetzliche Personalkompetenz des Aufsichtsrats ist nur bei der **Aktiengesellschaft** gegeben. Sie bezieht sich auf die Bestellung, Wiederbestellung und Abberufung der gesetzlichen Vertreter und Leiter der AG, also auf den **Vorstand und seine Mitglieder**.

Der Vorstand der AG kann aus einer oder mehreren Personen bestehen (§ 76 AktG). Er vertritt die Gesellschaft gerichtlich und außergerichtlich. Wenn die Satzung nichts anderes bestimmt, vertreten sämtliche Vorstandsmitglieder die AG gemeinschaftlich (§ 78 AktG).

Der Vorstand hat die AG unter eigener Verantwortung zu leiten. Besteht er aus mehreren Personen, sind sämtliche Vorstandsmitglieder gemeinschaftlich zur Geschäftsführung befugt, es sei denn, die Satzung oder die Geschäftsordnung bestimmen Abweichendes (§ 77 AktG). Meinungsverschiedenheiten im Vorstand können nicht gegen die Mehrheit der Vorstandsmitglieder entschieden werden. Es gibt also keinen Stichentscheid des Vorstandsvorsitzenden.

Bei mitbestimmten Unternehmen muss als gleichberechtigtes Mitglied des Vorstands ein **Arbeitsdirektor** bestellt werden (§ 33 MitbestG), der im Kernbereich für Arbeit und Soziales zuständig ist. Eine weitere fachliche oder ressortmäßige Gliederung des Vorstands ist gesetzlich nicht vorgeschrieben.

Zur Erprobung, Aushilfe oder aus anderen Beweggründen können **stellvertretende Vorstandsmitglieder** bestellt werden. Sie haben dieselben Rechte und Pflichten wie ordentliche Vorstandsmitglieder, doch kann ihre interne Geschäftsbefugnis eingeschränkt werden.

Der Begriff „Vorstand" bezeichnet das Leitungsorgan der AG, wird aber auch für das einzelne Mitglied verwendet, das männlichen, weiblichen oder diversen Geschlechts sein kann. Die Feder sträubt sich, ohne besonderen Anlass „Vorständin" zu schreiben, da die Pflichten und Rechte eines Vorstandsmitglieds vom Geschlecht unabhängig definiert sind.

Bei der Kommanditgesellschaft auf Aktien (KGaA) obliegt die Vertretung und Leitung der Gesellschaft dem persönlich haftenden Gesellschafter (Komplementär). Bei der GmbH sind dafür die Geschäftsführer zuständig, die i.d.R. von der Gesellschafterversammlung bestimmt werden. Der Gesellschaftsvertrag kann vorsehen, dass die Geschäftsführung als „Vorstand" bezeichnet wird. Bei der Genossenschaft wird der Vorstand durch die Generalversammlung gewählt und abberufen (§ 2 Abs. 2 GenG).

2 Auswahl und Bestellung von Vorstandsmitgliedern

2.1 Zuständigkeit

Für die Auswahl und Bestellung von Vorstandsmitgliedern einer AG ist – allem Anschein zum Trotz – allein der Aufsichtsrat zuständig und verantwortlich. Die richtige und überlegte Auswahl der Vorstandsmitglieder ist für das Wohl und Gedeihen des Unternehmens von elementarer Bedeutung. Vorschläge dazu können von einem Nominierungsausschuss des Aufsichtsrates ausgearbeitet werden.

In der wilden Praxis kommt es immer wieder zu der Peinlichkeit, dass lang einsitzende Vorstandsvorsitzende öffentlich verkünden, dass sie einen neuen Vorstandskollegen ausgewählt oder amtierende Kollegen beurlaubt haben. Pensionsreife Vorstandschefs überraschen nicht selten den Aufsichtsrat und das Fachpublikum mit der öffentlichen Ankündigung, dass sie ihren Nachfolger ausgewählt haben und sie selbst in den Aufsichtsrat wechseln. Wenn sie ein durchsetzungsstarker Aufsichtsratsvorsitzender unter Hinweis auf die Unternehmensverfassung diesbezüglich in die Schranken weist, sind sie konsterniert, aber nicht zerknirscht.

2.2 Auslese der Aspiranten

Mitglied des Vorstands kann nur eine natürliche, unbeschränkt geschäftsfähige Person werden. Ausgeschlossen sind Personen, die in Bezug auf den Unternehmensgegenstand einem Berufsverbot unterliegen oder die wegen vorsätzlich begangener Straftaten verurteilt worden sind (§ 76 Abs. 3 AktG).

Bei der Selektion von Vorstandsmitgliedern muss der Aufsichtsrat neben der Qualifikation für die generelle Führungsaufgabe und die spezielle Ressortverantwortung (Fachwissen, Unternehmenserfahrungen und soziale Kompetenz) eine angemessene **Berücksichtigung von Frauen** vorsehen. Bei börsennotierten oder mitbestimmten Gesellschaften muss bei mindestens drei Vorstandmitgliedern zumindest eine Frau und ein Mann Mitglied sein.

Die Realisierung dieser Zielgröße bereitet wegen des historischen Patriarchats in den Chefetagen und wegen der zur Routine gewordenen Wiederbestellung amtierender Vorstandsmitglieder oft Schwierigkeiten. Auf der anderen Seite erweitert der Einschluss der Frauen den Kreis qualifizierter Vorstandsanwärter beträchtlich und bietet die großartige Chance, das Vorstandsteam qualitativ zu verbessern.

Das Aktiengesetz und andere Rechtsquellen sagen wenig Brauchbares über die **Qualifikation** von Vorstandsmitgliedern und schon gar nichts über geeignete Bezugsquellen. In der Vergangenheit setzte man auf Erbfolge und nahe Verwandtschaft oder hilfsweise auf gute Bekanntschaften. Die Praxis lehrt jedoch, dass zunehmend fachliche und soziale Befähigungen als Auswahlkriterien gefragt sind.

Professionelle Vorstandsjäger oder *Headhunter* leben von dem keineswegs billigen Rat, dass als Vorstandsmitglieder nur „echte Spitzenmanager" bestellt werden sollten, die man fachkundig aufspüren muss. Da diese Elite zahlenmäßig begrenzt ist, wird bei Beschaffungsproblemen die Spitzenqualifikation auf den Vorstandsvorsitzenden beschränkt und für gemeine Vorstandsmitglieder die Qualifikation eines Top-Managers hingenommen.

2.2.1 Spitzenmanager

Spitzenmanager sind eine kaum erziehbare Abart der Top-Manager, die oft unter Drogen in Form überzogener Bezüge stehen. Spitzenmanager erkennt man an folgenden **Eigenarten:**

- Echte Spitzenmanager verfügen über ein glänzendes Image, auch wenn sie keinen Schimmer haben.
- Sie pflegen stets ein feierliches Auftreten und halten bei jeder Art von Menschenansammlung Ausschau nach Ihresgleichen.
- Sie messen allem außer sich selbst geringe Bedeutung zu und neigen zu Monologen und Selbstdarstellungen. Äußerungen, die sie für denkwürdig halten, wiederholen sie mehrmals.
- Sie haben überzogene Erwartungen an die materielle und finanzielle Ausstattung ihres Amtes und bestehen darauf.
- Die Widrigkeiten des Alltags schieben sie souverän beiseite, da ihr unternehmerischer Horizont unendlich weit gesteckt ist.

Verwandtschaftliche oder rotarische Verbindungen zum amtierenden Vorstands- oder Aufsichtsratsvorsitzenden oder zum kontrollierenden Aktionär sind ein starkes Indiz für die Veranlagung zum Spitzenmanager. Dennoch sollte angesichts der Bedeutung der anvisierten Spitzenstellung diese Einschätzung zusätzlich durch starke Empfehlungen prominenter Influencer, seriöse Pressestimmen und durch polizeiliche Führungszeugnisse gestützt werden.

Erfahrene Corporate-Governance-Experten weisen darauf hin, dass Spitzenmanager als **Gegenpart** einen versierten Aufsichtsratsvorsitzenden brauchen, der weiß, dass Spitzenmanager mit beiden Beinen fest auf dem schwankenden Boden ihrer Prognosen stehen und unerschütterlich an die von ihnen verfeinerte strategische Unternehmensplanung glauben. Er muss beharrlich versuchen, den Spitzenmanager in die Realität zurückzuholen. Für ungeübte Aufsichtsratschefs wird diesbezüglich ein professionelles Coaching durch gewiefte Wirtschaftsberater angeraten, das mindestens 18 Monate dauern sollte.

Achtsame Aufsichtsräte dürfen sich von der überschäumenden Begeisterung der Spitzenmanager nicht anstecken lassen und müssen sich durch ihre kritische Grundhaltung immunisieren.

2.2.2 Geschätzte Attribute

Die Erlangung eines Vorstandspostens wird durch ein ansprechendes Erscheinungsbild des Kandidaten und das Führen respektabler Titel begünstigt. **Gutes Aussehen** eines Spitzenmanagers wiegt fachliche Kenntnisse und berufliches Engagement auf. Das angenehme, möglichst sportliche Äußere eines Top-Managers bewegt mehr als seine Sachkunde. Gegen das Vorurteil, schöne Manager seien dumm, lässt sich wissenschaftlich nachweisen, dass sie meist mehr verdienen als weniger ansehnliche Artgenossen.

Während Frauen wissen, was sie zu tun haben, sollten männliche Anwärter zur Hebung ihrer äußeren Erscheinung Kosmetik- und Modeberater konsultieren, insbesondere, wenn branchenübliche oder landschaftlich bedingte Nuancen zu bedenken sind. Männlichen Kandidaten werden zumindest elegante Krawatten, deren Preis den eines

Maßanzuges erreicht, und enge, hoch geknöpfte Hemdkragen empfohlen, die nur den Blick in die Ferne und nach oben zulassen. Zunehmend setzt sich der selbst geschneiderte Deckmantel als Berufskleidung durch, der bei Unternehmensturbulenzen getragen wird.

Adels- oder akademische **Titel** sind hoch geschätzte Attribute für Führungspersonen. Sie erleichtern die Ansprache, wenn man den Namen vergessen hat. Daher streben ehrgeizige Spitzenmanager nach solchen Titeln selbst dann, wenn sie ihnen aufgrund von Geburt oder fehlendem Studium versagt geblieben sind. Die aufwendige Titelbeschaffung durch Heirat oder Adoption oder auf dem zweiten Promotionsweg mit Assistenz fachkundiger Mitarbeiter beweist persönlichen Ehrgeiz, der Aufsichtsräte von der Führungsqualität überzeugt.

2.2.3 Sozial- und Nachhaltigkeitsaspekte

Ein zeitgemäßer, d.h. auf Nachhaltigkeit getrimmter Aufsichtsrat muss die Vorstandsmitglieder nicht nur nach Fachwissen und Kommunikationsfähigkeit, sondern auch nach Sozial- und Nachhaltigkeitsexpertise auswählen. Als Nachweis für Umwelt- und Sozialerfahrungen von Kandidaten gilt z.B. ein sechsmonatiges Praktikum auf einer Wetterwarte in der Arktis oder als Kadett der Heilsarmee.

Bei amtierenden Vorstandsmitgliedern muss der Aufsichtsrat auf eine nachhaltigkeitsbezogene Aus- und Weiterbildung anregen. Förderlich sind z.B. regelmäßige Umweltexkursionen unter fachkundiger Leitung oder eine Beteiligung an Klima- und Sozialstudien. Darüber hinaus werden von Top- und Spitzenmanagern persönliche Beiträge zum Umweltschutz erwartet, z.B. weitgehender Verzicht auf transkontinentale Dienstreisen oder die Nutzung von Rikschas anstelle von Dienstwagen oder Firmenjet. Die Teilnahme an Klimademonstrationen ist ambivalent. Wer sich auf der Straße aus Protest festgeklebt hat, ist kein beweglicher Manager mehr.

Konsequent ist, dass ein Teil der Vorstandsvergütung an die Erfüllung von Nachhaltigkeitszielen festgemacht wird, zumal Gesetzgeber und

Kodex-Verfasser[66] überzeugt sind, dass Vorstandsmitglieder nur durch finanzielle Anreize auf den rechten Weg gebracht werden.[67] Vergütungsbestandteile, die an die Umsetzung von Umwelt- und Klimazielen oder anderen Nachhaltigkeitsfaktoren[68] anknüpfen, sollten zur Entfaltung der gewünschten Wirksamkeit mindestens 24,8 % der Gesamtvergütung ausmachen.

2.2.4 Altersgrenze

Die für Aufsichtsräte vorgesehene Frischhaltevorsorge wird verschärft für Vorstandsmitglieder gefordert. Für sie ist ebenfalls eine Altersgrenze festzulegen, die in der Erklärung zur Unternehmensführung anzugeben ist. Sie wird meist unterhalb der Grenze für Aufsichtsratsmitglieder festgelegt, damit die betroffenen Vorstandsmitglieder sozialverträglich nach einer zweijährigen Abkühlungsphase in den Aufsichtsrat entsorgt werden können.

Üblich ist, für den Vorstand das gesetzliche Rentenalter von 65 bis 67 Jahren als Altersgrenze anzusetzen. Da die Vorstandsarbeit besonders strapaziös sein kann und eine Verjüngung der Vorstände mehr Dynamik verspricht, wird das Pensionierungsalter der Vorstandsmitglieder oft mit 60 Jahren bestimmt.

Ohne solche Grenzen fällt es den Unternehmen schwer, sich von ihren Chefs zu trennen. Für die Betroffenen erleichtern starre Altersgrenzen, mit Würde und Anstand in Pension zu gehen.

2.3 Bestellung der Vorstandsmitglieder

Das Vorstandsbestellwesen funktioniert im Allgemeinen störungsfrei, wenn nach alter Gewohnheit der amtierende Vorstandsvorsitzende die vom Aufsichtsrat zu bestellenden Kollegen benennt und zu dem ihm geeignet erscheinenden Zeitpunkt seinen Nachfolger. Im letzten Fall stellt er sich häufig selbst als neuer Vorsitzender des Aufsichtsrates zur Verfügung. Mit Fug und Recht wird ein differenzierteres Vorgehen gefordert, dass einerseits die spezifischen Anforderungen an die Vorstandsposition

---

[66] Regierungskommission Deutschen Corporate Governance Kodex (DCGK).
[67] *Wampenschläger*, Der dressierte Manager, 3. Auflage 2021, München.
[68] Der Fachmann spricht von *Key Performance Indicators* (KPI).

(Ressortqualifikation, Know-how) und andererseits die fachliche Qualifikation der Anwärter (Ausbildung, Sachkunde) berücksichtigt.

2.3.1 Erstbestellung

Vorstandsmitglieder bestellt der Aufsichtsrat auf höchstens fünf Jahre. Eine wiederholte Bestellung oder Verlängerung der Amtszeit auf jeweils höchstens fünf Jahre ist zulässig (§ 84 Abs. 1 AktG). Sie erfolgt vielfach automatisch, bis das vertragliche Pensionsalter oder die vorgesehene Altersgrenze für Vorstandsmitglieder erreicht ist.

Der DCGK empfiehlt, dass die Erstbestellung von Vorstandsmitgliedern zur Eingewöhnung und Erprobung der Neulinge auf längstens drei Jahre erfolgen soll.[69] Dieser Zeitraum ist für eine Verwurzelung in dem zerzausten Managementgeflecht größerer Unternehmen und für eine abgewogene Kompetenzbeurteilung durch den Aufsichtsrat, der ja nur sporadisch vor Ort anwesend ist, oft zu kurz. Außerdem lässt sich diese Empfehlung bei hoch qualifizierten und selbstbewussten Kandidaten, die den ausgelobten Vorstandsposten nicht um jeden Preis begehren, kaum durchsetzen.

Spitzenmanager, für die „an der Spitze stehen" immer noch „zu weit unten" bedeutet, werden darauf bestehen, zum Vorsitzenden oder Sprecher des Vorstands ernannt zu werden. Dafür sind sie bereit, jederzeit für Fotos in Unternehmensberichten und anderen unternehmensnahen Publikationen zu posieren. Das Endziel ihrer Ambitionen ist erreicht, wenn im Sprachgebrauch der Öffentlichkeit die Bezeichnung „Bahnchef", „Konzernchef" oder ähnliche Häuptlingsbezeichnungen für sie als Vornamen verwendet werden.

Neu installierte Spitzenmanager neigen dazu, unmittelbar nach ihrer Berufung einen renommierten Unternehmensberater mit der Aufgabe zu beauftragen, wie das ihnen ausgelieferte Unternehmen fitter und rentabler gemacht werden kann. Da der Berater ebenfalls wenig Ahnung vom Geschäft des Unternehmens hat, schlägt er nach professionellem Nachdenken vor, die Belegschaft zu reduzieren und beachtliche

---

[69] DCGK B.3.

Teile der Produktion ins Ausland zu verlagern. Dieses Patentrezept, das der Spitzenmanager dem Aufsichtsrat als eigene Restrukturierungsidee vorträgt, findet schnell Gefallen bei renditeorientierten Investoren, sollte aber vom Aufsichtsrat kritisch hinterfragt werden.

2.3.2 Wiederbestellung und Abberufung

In der Regel wird ein Vorstandsmitglied kurz vor Ablauf seiner Amtszeit wiederbestellt, sodass es unbesehen eine „Führungskraft mit längerer Dienstzeit" zu werden verspricht. Eine **Wiederbestellung** darf frühestens ein Jahr vor Ablauf der laufenden Amtszeit erfolgen. Eine frühere Wiederbestellung bei gleichzeitiger Aufhebung der laufenden Bestellung soll nur bei Vorliegen besonderer Umstände erfolgen,[70] z.B. zur rechtzeitigen Arretierung geschätzter Vorstandsmitglieder oder zur Fixierung eines Vorstandsmitglieds, das für noch nicht beendete Aufräumarbeiten benötigt wird.

Aufsichtsräte machen sich kaum Gedanken darüber, ob und wann im Interesse oder zum Wohle des Unternehmens ein Vorstandsmitglied abzuberufen oder ihm eine Wiederbestellung zu verweigern ist. Bei befriedigenden Geschäftsverlauf sehen sie keinen Anlass. Erst bei anhaltender kritischer Unternehmensentwicklung fragen sie sich, ob zur eigenen Entlastung eine Demission des Vorstands opportun ist.

Wenn das Vorstandsmitglied nicht selbst gekündigt hat, weil es z.B. einen lukrativeren Job gefunden oder reich geheiratet oder geerbt hat, passiert eine **vorzeitige Entlassung** nur, wenn das Vorstandsmitglied eklatant versagt oder im großen Stil Veruntreuungen oder Manipulationen begangen oder geduldet hat und nicht mit dem Großaktionär oder dem Aufsichtsratsvorsitzenden verwandt ist.

Bemerkenswert ist, dass die Verweildauer in den Chefsesseln größerer Unternehmen in jüngerer Zeit kürzer geworden ist. Dabei stechen zwei Gründe hervor: Aktivistische Aktionäre fordern aus Prinzip neue Gesichter oder jüngere Dynamiker. Vermehrt geben eigenwillige Spitzen-

---

[70] DCGK B.4.

manager ihren Vorstandsposten wegen einer „anderen Lebensplanung" vorzeitig auf.

Der Hang von Spitzenmanagern zur Selbstverwirklichung verstärkt sich bei nachhaltigen Veränderungen der unternehmensrelevanten Märkte zur finanziell abgesicherten Flucht vor zu erwartenden Schwierigkeiten und Unannehmlichkeiten. Vorreiter solcher Absatzbewegungen waren Vertreter der Finanzindustrie, die meist glimpflich davongekommen sind. Heute zeigen sich solche Veränderungen auch in anderen kränkelnden Branchen.

Um angesichts solcher Fluchtgefahren die Kontinuität auf der Chefetage sicherzustellen, fordert der DCGK, dass Aufsichtsrat und Vorstand gemeinsam für eine langfristige **Nachfolgeplanung** für Vorstandsmitglieder sorgen. Sie zwingt dazu, rechtzeitig über die Stellvertretung und Nachfolge von Vorstandsmitgliedern und über die Rekrutierung und Förderung von Nachwuchskräften nachzudenken. Die Vorgehensweise (Beteiligte, Streuweite, Zeithorizont) soll in der Erklärung zur Unternehmensführung (Kapitel F.2) beschrieben werden.[71]

Die Nachfolgeplanung scheitert häufig daran, dass sich Spitzenmanager für unersetzlich und unverwüstlich halten und keinen Sinn darin sehen, vor ihrem Ableben über ihre Nachfolge nachzudenken. Infolgedessen wird die als lästig empfundene Vorausschau jährlich vertagt, bis eingetretene Ausfälle keinen weiteren Aufschub dulden. Dann, aber auch erst dann wird – wie es sich für charismatische Spitzenkräfte gehört – intuitiv, schnell und oft falsch entschieden.

---

[71] DCGK B.2.

3 Human Relations

In modernen Zeiten und Unternehmen werden Gestaltung und Verwaltung der sozialen Beziehungen im Betrieb und zwischen den Unternehmensangehörigen als *Human Relations* bezeichnet. Für sie ist in Bezug auf die Vorstandsmitglieder einer AG der Aufsichtsrat zuständig. Er allein ist autorisiert, Dienst- oder Anstellungsverträge mit den Vorstandsmitgliedern abzuschließen. Der Vertragsabschluss kann nicht an einen Ausschuss delegiert werden; es bedarf zumindest einer Beschlussfassung des Aufsichtsrats, der die wesentlichen Inhalte, wie Vertragsdauer und Vergütung, abdeckt.

Sonstige „dienstliche" menschliche Beziehungen sind bei Aufsichtsräten wegen ihrer vertraulichen Tätigkeit und Schweigepflicht stark eingeschränkt.

3.1 Inhalt der Dienstverträge

Der Dienstvertrag für Vorstandsmitglieder regelt unter Bezugnahme auf die Bestellung und auf die für die Geschäftsführung maßgeblichen Normen (Gesetz, Satzung, Geschäftsordnung) folgende Themen:

- Arbeitsbereich und Verantwortlichkeiten des Vorstandsmitglieds (Ressortzuständigkeit, Abstimmung mit Gesamtvorstand, voller Arbeitseinsatz, Genehmigungspflicht von Nebentätigkeiten, Wettbewerbsverbot, Verbot der Vorteilsnahme u.a.m.),
- Vergütungsregelung (Höhe und Art der Vergütung (fixe und variable Bestandteile), Maximalvergütung, Zahlungszeitpunkt, Sachleistungen und Deputate, Überprüfung der Höhe, Sonderzahlungen; Kapitel C.5.),
- Nebenleistungen (Dienstwagen und -wohnung; Pflege- und Bedienpersonal),
- Ausstattung des Vorstandszimmers und des Sekretariats (Grundfläche, technische und personelle Bestückung) sowie etwaiger Zusatzräume (z.B. Sitzungs-, Fitness- oder Ruheraum),
- Reisekosten- und Spesenregelung,
- Regelung im Fall von Krankheit, Unfall, Invalidität oder Tod,
- Urlaubsansprüche,

- Ruhegeld und Hinterbliebenenversorgung,
- Vertragsdauer (Kündigung, Verlängerung),
- nachvertragliches Wettbewerbsverbot.

Der breite Inhalt der Vorstandsverträge verdeutlicht die nicht geringe **Fürsorgepflicht des Aufsichtsrats** gegenüber den Vorstandsmitgliedern. Auch ohne ausdrückliche Feststellung gelten für Vorstandsmitglieder der Schutz der Menschenrechte und der Anspruch auf einen gesunden Arbeitsplatz.

Die Laufzeit des Dienstvertrags endet mit dem Ende der Amtszeit des Vorstandsmitglieds. Es kann aber vorgesehen werden, dass der Dienstvertrag bei einer Wiederbestellung bis zu deren Ablauf weiter gilt.

Besteht der Vorstand aus mehreren Personen, hat das einzelne Mitglied das Recht, den Aufsichtsrat um den Widerruf der Bestellung und Zusicherung der Wiederbestellung zu ersuchen, wenn es wegen **Mutterschutz, Elternzeit**, Pflege eines Familienangehörigen oder Krankheit seinen Pflichten vorübergehend nicht nachkommen kann. Der Freistellungszeitraum richtet sich nach dem Mutterschutzgesetz[72] und beträgt sonst drei bis maximal zwölf Monate. Abgesehen vom Mutterschutz kann der Aufsichtsrat das Ersuchen aus wichtigem Grund ablehnen (§ 84 Abs. 3 AktG).

3.2 Verantwortlichkeiten des Vorstands

Das luxuriös anmutende Dasein aktiver Top-Manager kann durch individuelle Verantwortlichkeiten und folgende Unbequemlichkeiten getrübt sein, die kollegial zu ertragen und zu erledigen sind.

- Neben der speziellen Ressortverantwortung besteht eine kollegiale (Mit-)Verantwortung für das Geschehen im Unternehmen und dessen Auswirkungen auf Mensch und Umwelt; hier sind Zusammenarbeit, Informationsaustausch und Abstimmung gefordert.
- Auswahl und Kontrolle wichtiger Führungskräfte, Personalführung (z.B. bei Vakanz im Sekretariat u.a.),

---

[72] § 3 Abs. 1 und 2 Mutterschutzgesetz (MuSchG).

- die unablässige und oft anstrengende Steuerung und Kontrolle der Geschäfte und des Personals (*Controlling*, Revision) einschließlich der Einhaltung der rechtlichen und unternehmensinternen Vorgaben (*Compliance*); Suche nach Ursachen und Verursachern bei größeren Planabweichungen,
- Auskunftspflicht gegenüber dem Aufsichtsrat, insbesondere regelmäßige Berichterstattung (*Reporting*), einschließlich Selbstanzeigen bei Problemen der Geschäftsentwicklung oder Ressorttätigkeit,
- die unter Umständen lästige oder zeitaufwendige Einholung von Zustimmungsbeschlüssen des Aufsichtsrats für bestimmte Geschäfte,
- professioneller Umgang mit delikaten Ratschlägen des Aufsichtsrats,
- die schwierige und aufregende Identifizierung von, die Vorsorge für und die Absicherung vor Risiken; Risikomanagement (*Risk Management*),
- die strangulierende Rechnungslegung in aller Tiefe und Breite (insbesondere *Financial Reporting* und *Sustainability Report*).

Bedrückend ist, dass für die genannten Aufgaben nicht nur der Vorstand als leitvolles Gesamtorgan oder der zuständige Fachkollege, sondern jedes einzelne Vorstandsmitglied Verantwortung (mit-)trägt.

4 Vergütung der Vorstandsmitglieder

Obwohl die Vergütung nicht das einzig Greifbare der Vorstandstätigkeit ist, widmen ihr Gesetzgeber (§§ 87 f. AktG) und DCGK (Abschnitt G) weit mehr Raum als den Vorstandstätigkeiten selbst. Unter der hierzulande noch wenig geläufigen Parole „*Say on Pay*" rückt die Besoldung der Vorstandsmitglieder börsennotierter Gesellschaften, die schon seit vielen Geschäftsjahren durch exzessive Ausmaße auffällig geworden ist, noch stärker in das Zentrum des öffentlichen Interesses.

Im Zusammenhang mit dieser Diskussion hat der deutsche Gesetzgeber nicht gewagt, sich klar zu dem in Deutschland vorherrschenden dualistischen System der Unternehmensverwaltung (Kapitel A.2.2.2) zu bekennen.[73] Zwar ist das „Sagen über Gagen" in Bezug auf Vorstandsvergütungen systemgerecht dem Aufsichtsrat überantwortet, doch hat der Gesetzgeber die Hauptversammlung mit dem Votum zum Vergütungssystem (§ 120a AktG) einbezogen (Kapitel C.5.2).

4.1 Maßstäbe

Der Aufsichtsrat setzt die Vergütungen für die Vorstandsmitglieder fest und muss dafür sorgen, dass sie nicht zu viel kriegen. Die Honorierung soll sich (1) nach den Leistungen des Vorstandsmitglieds und (2) nach der wirtschaftlichen Lage und Entwicklung des Unternehmens richten sowie (3) das Lohn- und Gehaltsniveau der Unternehmensangehörigen nicht außer Acht lassen.

Selbst Sozialarbeiter und Wohlfahrtexperten gestehen zu, dass die Vorstandsvergütung über dem **Vergütungsniveau** der anderen Unternehmensangehörigen liegt, beharren aber auf einer spürbaren Bodennähe. In der Praxis sind präzisere Grenzen nötig, denn die Aufsichtsratsmitglieder haften gegenüber der Gesellschaft für den entstandenen Schaden, wenn sie eine unangemessene Vorstandsvergütung festsetzen (§ 116 Abs. 3 AktG). Bisher sind allerdings keine Klagen bekannt geworden, da die Leistungen des Vorstandsmitglieds schwer messbar sind und die Lage des Unternehmens regelmäßig positiv eingeschätzt wird.

---

[73] Siehe dazu u.a. *Kley*, Aktiengesetz und Aufsichtsrat „Dornröschen 2.0", AG 2019, S. 818 ff.

Nach international üblicher Taxierung sind Spitzenmanager[74] von unschätzbar hohem Wert für die Unternehmen. Vor diesem üblichen, aber nicht fixier- und nachprüfbaren Rating kapitulieren die meisten Aufsichtsräte. Sie glauben, dass ohne schwer nachvollziehbare Vorstandsvergütungen keine qualifizierten Spitzenmanager rekrutiert werden können. Zur Besänftigung des aufgeregten Publikums können sie darauf verweisen, dass die Vorstandsvergütungen im Verhältnis zu der Summe der Lohn- und Gehaltsbezüge der übrigen Unternehmensangehörigen nur einen Bruchteil ausmachen.

Auch wenn bei vielen Kritikern die Sorge mitschwingt, selbst zu wenig bekommen zu haben, muss sich der Aufsichtsrat mit der Frage auseinandersetzen, ob die Bezüge einzelner Spitzenmanager mit vernünftigen Überlegungen und mit edelmütiger Großzügigkeit hinreichend zu begründen sind. Spitzenmanager, die deshalb verunglimpft werden, rechtfertigen ihre Bezüge damit, dass sie sich den Neid der anderen hart erarbeitet haben. Dennoch fällt die Rechtfertigung selbst unter der wirklichkeitsfremden Annahme schwer, dass der Erfolg des Unternehmens nahezu allein dem Spitzenmanager zu verdanken ist.

Spitzenmanager, die im Schweiß ihrer Mitarbeiter Unternehmen und Konzerne leiten, geraten durch die Veröffentlichung ihrer persönlichen Bezüge nur selten ins Schwitzen. Die von Meinungsforschern gestellte Frage: „Halten Sie die überhöhten Managergehälter für zu hoch?" sollen immerhin 70 % der Befragten bejaht haben. Die 30 %, die mit „Nein" oder gar nicht geantwortet haben, werden sich mit der einschlägigen Aussage des Betriebsratsvorsitzenden der Wasserkopf AG zufriedengeben: „Wir können uns keine schlecht bezahlten Top-Manager leisten.".

Da **Spitzenmanager** (Kapitel C.2.2.1) relativ selten sind, müssen die meisten Unternehmen zur Besetzung von Vorstandsposten auf qualifizierte Top-Manager mit vertretbaren Gehältern zurückgreifen und sind dennoch erfolgreich. Vor diesem Hintergrund ist es angebracht, dass bei übertriebenen Ansprüchen von Spitzenmanagern, die solide Aufsichtsräte auf die Palme treiben, statt dem „Gehalt" ein „Geh' halt" angebo-

---

[74] Das sind Topmanager, für die „ganz oben" nicht hoch genug ist.

ten wird. Es bleibt schließlich allein dem Aufsichtsrat überlassen, die Kostspieligkeit der Spitzenmanager einzuschätzen und ggf. auf deren Anstellung zu verzichten. Spitzenmanager mögen zwar über allem stehen, aber sie sollten nicht alles überstehen.

4.2 Vergütungssystem

Der deutsche Gesetzgeber hat das Kopfzerbrechen über angemessene Vorstandsvergütungen dadurch vergrößert, dass der Aufsichtsrat als Grundlage eine klare und verständliche Vergütungssystematik für die Vorstandsvergütungen beschließen und der Hauptversammlung zur Billigung vorlegen muss. An ihr soll sich jede Vorstandsvergütung ausrichten.

Das Vergütungssystem dient nicht zuletzt der **Verhaltenssteuerung** der Top-Manager. Als Anregung liefert der Kodex einen umfangreichen Katalog von reizvollen Vergütungsteilchen und aufregenden Restriktionen, die das bei Vorstandsvergütungen verkümmerte Augenmaß justieren und schärfen sollen.[75]

Das Vergütungssystem hat als **Inhalt** u.a. zu nennen oder zu beschreiben (§ 87a AktG):

- die Festlegung einer Maximalvergütung,
- den Beitrag der Vergütung zur Förderung der Geschäftsstrategie und der langfristigen Entwicklung des Unternehmens,
- in welche festen sowie kurzfristig oder langfristig variablen Bestandteile die Vorstandsvergütungen zerstückelt werden,
- die Kriterien und Voraussetzungen für die Zahlung der einzelnen Vergütungsbrösel,
- Aufschubzeiten für die Auszahlung der variablen Vergütungen und
- Möglichkeiten der Gesellschaft, variable Vergütungsbestandteile zurückzufordern.

Der Aufsichtsrat hat die Vergütungen der Vorstandsmitglieder in Übereinstimmung mit dem Vergütungssystem zu bestimmen, darf aber in

---

[75] DCGK G.1. ff.

außergewöhnlichen Fällen davon abweichen, wenn dies im Interesse des langfristigen Wohlergehens der Gesellschaft notwendig ist. Um demoralisierende Querelen über die Vorstandshonorierung zu minimieren, sollten die Vergütungen möglichst einfach strukturiert und dauerhaft fixiert werden.

Eine **Deckelung der Vorstandsvergütungen** ist populär und neidgemäß. Pessimisten befürchten bei ihrer Einführung ein Nachlassen der phänomenalen Managementleistungen der Spitzenmanager. Dagegen ist für zuversichtliche Betrachter die Grenzziehung ein Ansporn für ambitionierte Vorstandsmitglieder, mit letztem Einsatz[76] und unter Ausschöpfung und Beachtung aller Kautelen die größtmögliche Vergütung zu erreichen.

Immerhin kann der Aufsichtsrat die Maximalgrenze inhaltlich frei gestalten. Sie kann (1) für die Gesamtvergütung oder (2) einzelne Vergütungsbestandteile und (3) für den Gesamtvorstand oder (4) für einzelne Vorstandsmitglieder definiert werden. Bei dieser Vielschichtigkeit muss vor einer zu komplexen Vergütungsstruktur gewarnt werden. Sie sollte – nach Auffassung des Gesetzgebers – „nicht zu engmaschige Vorgaben" vorsehen.[77]

Die Gestaltungsfreiheit des Aufsichtsrats bei der Festlegung der Maximalvergütung hat einen empfindlichen Dämpfer dadurch bekommen, dass die Hauptversammlung auf Antrag von Aktionären, die 5 % des Grundkapitals oder den anteiligen Betrag von 500.000 € erreichen (§ 122 Abs. 2 AktG) die Maximalvergütung für die Vorstandsmitglieder herabsetzen kann (§ 87 Abs. 4 AktG).

Um ausufernde Diskussionen zu vermeiden, sollten der Anteil der festen Vergütungsanteile möglichst hoch angesetzt und die Art und Kriterien der variablen Vergütungsbestandteile so bestimmt werden, dass sie bei realistischer Einschätzung der Ziele kaum verfehlt werden können. Soweit **variable Vergütungen** an strategischen Zielen des Unternehmens festgemacht werden, muss bei der publizierten Formulierung der ausschlaggebenden

---

[76] *Oberkircher*, Bilanz-Zierung und andere Operationen, Frankfurt, 8. Auflage 2018.
[77] BT-Drs. 19/15153, S. 64.

Messgrößen und Merkmale „das gerade noch mögliche und verständliche Abstraktionsniveau" gewählt werden, damit keine Geschäftsgeheimnisse, z.B. die strategische Stoßrichtung des Unternehmens, verraten werden.[78]

Offen ist, ob **Vergütungen**, die von **Dritten** im Hinblick auf die Vorstandstätigkeit gezahlt werden, wegen ihres korrumpierenden Beigeschmacks in die Maximalvergütung einzubeziehen sind oder ob die vorgeschriebene Angabe im Vergütungsbericht (§ 162 Abs. 2 Nr. 1 AktG) genug regulierendes Ärgernis bereitet. Einkünfte aus anderen Nebentätigkeiten (Aufsichtsratsmandat, Schriftstellerei, Glücksspiele oder Tierzucht) müssen nicht angegeben werden.

Das Vergütungssystem für die Vorstandsmitglieder ist von der **Hauptversammlung** zu billigen. Bei jeder Änderung, mindestens aber alle vier Jahre, muss das System erneut von der Hauptversammlung gebilligt werden. Ihr Beschluss begründet jedoch weder Rechte noch Pflichten, appelliert aber an den Langmut und die Selbstdisziplin des Aufsichtsrats. Das Votum der Hauptversammlung und das Vergütungssystem sind aus Gründen der Transparenz sowie zur Bezeugung von Reverenz, Kondolenz oder Perplexität außenstehender Leser unverzüglich auf der Internetseite der Gesellschaft zu veröffentlichen.

4.3 Vergütungsbericht

Zur Inspektion der tatsächlichen Vergütungen müssen Vorstand und Aufsichtsrat einer börsennotierten Gesellschaft jährlich einen Vergütungsbericht erstellen, in dem sie das Unerklärliche der Vorstandsvergütungen und die i.d.R. einfacher gestrickten Vergütungen der Aufsichtsratsmitglieder in zermürbenden Einzelheiten verständlich darlegen.

Für jedes gegenwärtige oder frühere Mitglied des Vorstands und des Aufsichtsrats ist unter **Namensnennung** jede gewährte oder geschuldete Vergütung aufzuführen, die im letzten Geschäftsjahr von der Gesellschaft, von Unternehmen desselben Konzerns oder von Dritten im Hinblick auf die Vorstandstätigkeit zugestanden wurde. Für jede Vergü-

---

[78] He*ldt*, „Say on Pay" und „Related Party Transactions" im Referentenentwurf des ARUG II aus gesellschaftsrechtspolitischer Sicht, AG 2018, S. 906.

tungskomponente sind der Betrag und die Übereinstimmung mit dem maßgeblichen Vergütungssystem anzugeben. Jedes Vorstandsmitglied erhält damit Gelegenheit, die Art und Höher seiner Vergütung und die seiner Kollegen staunend nachzulesen.

Zur Erregung öffentlicher Verwunderung sind etwaige Abweichungen gegenüber dem Vergütungssystem, die der Vergütung und die Ertragsentwicklung der Gesellschaft mitzuteilen sowie die durchschnittliche Vergütung der Arbeitnehmer in den letzten fünf Geschäftsjahren vergleichend aufzuzeigen.

Die Daten der Organmitglieder kapitalmarktorientierter Unternehmen sind infolge der Vergütungspublizität weit weniger geschützt als die Personalien mutmaßlicher Erpresser. Immerhin dürfen im Vergütungsbericht keine Daten enthalten sein, die sich auf die Familiensituation einzelner Organmitglieder beziehen (§ 162 Abs. 5 AktG). Neben Familien- oder Kinderzuschlägen unterliegen auch etwaige Sonderzulagen für das dritte Geschlecht oder für gleichgeschlechtliche Partnerschaften dem eingeschränkten **Datenschutz**.

Der enorme Zeitaufwand für die Festlegung, das Sortieren und die berichtmäßige Verarbeitung der Einzelteile der Vorstandvergütungen kann sich durchaus mit dem des Vorstands für Tarifverhandlungen mit störrischen Arbeitnehmervertretern messen. Um dem Aufsichtsrat noch genügend Zeit für seine Überwachungstätigkeit zu lassen, gehen die Normengeber offenbar davon aus, dass die Anfertigung des Vergütungsberichts den Mitarbeitern des Aufsichtsratsbüros oder der Personal- oder der Rechtsabteilung überantwortet wird, die sich schon bisher als eigentliche Verfasser der Entsprechenserklärung (§ 161 AktG; Kapitel F 2.1) und sonstiger verstreuter Corporate-Governance-Informationen bewährt haben.

Der **Abschlussprüfer** hat den Vergütungsbericht nicht inhaltlich, sondern lediglich daraufhin zu prüfen, ob die gesetzlich geforderten Angaben gemacht wurden. Sein Prüfungsbericht ist dem Vergütungsbericht beizufügen. Der Aufsichtsratsvorsitzende muss den Vergütungsbericht zur Hand haben, damit er auf der Hauptversammlung oder gegenüber privilegierten Investoren zu Vergütungsfragen Rede und Antwort stehen kann.

5 Nebentätigkeiten der Vorstandsmitglieder

Top-Manager lieben Nebentätigkeiten aus **vielerlei Gründen,** z.B. zur Entspannung, zur Steigerung ihres Ansehens oder zur Befriedigung körperlicher oder musischer Neigungen. Besonders beliebt sind wegen des gesellschaftlichen Renommees Aufsichtsratsmandate bei bekannten Unternehmen. Am Anfang der Vorstandskarriere begründen Top-Manager ihren Hang zu solchen Mandaten damit, dass sie ihre Führungskunst durch Einblicke in andere Unternehmen vervollkommnen wollen. Daher bringen sie sich frühzeitig und bei jeder passenden Gelegenheit als Aufsichtsratskandidaten ins Gespräch, bevor sie als bejahrte Spitzenmanager ins Gerede kommen.

Nach den üblichen Dienstverträgen hat ein Vorstandsmitglied seine gesamte berufliche Arbeitskraft dem von ihm geleiteten Unternehmen zu widmen. Wenn ein Vorstandsmitglied ihm angebotene Nebentätigkeiten aufnehmen will, muss er den Aufsichtsrat um Genehmigung bitten und glaubhaft versichern, dass für die Vorstandtätigkeit genügend Zeit verbleibt.

Bei der **Genehmigung und Annahme** von Nebentätigkeiten durch Vorstandsmitglieder muss das gesetzliche Wettbewerbsverbot beachtet werden (§ 88 AktG). Ein Verstoß berechtigt das Unternehmen, Schadensersatz oder die Abtretung etwaiger Vergütungen zu fordern. Daher ist die Versuchung groß, die angestrebte Nebentätigkeit und die daraus erzielten Einkünfte zur reinen Privatsache des Vorstandsmitglieds zu erklären, die den Aufsichtsrat nichts angeht. Bei zeitaufwendigen Nebentätigkeiten sollte der Aufsichtsrat näher hinsehen, unbeschadet vorliegender Rechtsgutachten, die deren privaten Charakter belegen.

Verweigert der Aufsichtsrat wider Erwarten seine Zustimmung zu einer Nebentätigkeit, muss das Vorstandsmitglied entweder auf die Nebentätigkeit verzichten oder aus dem Vorstand ausscheiden. Das Wettbewerbsverbot entfällt, wenn entweder das Zielunternehmen oder das eigene Unternehmen seine im Wettbewerb stehende Tätigkeit aufgibt oder wenn beide Unternehmen fusionieren oder zu Unternehmen desselben Konzerns werden.

Kapitel D
ÜBERWACHUNG DER GESCHÄFTSFÜHRUNG

1. Die Operationsbasis 107
2. Gegenstand der Überwachung 109
3. Rechnungs- und Finanzwesen 116
4. Überwachungsinstrumente des Aufsichtsrats 122
5. Überwachung im Konzern 129

1 Die Operationsbasis

Die gesetzlich vorgegebene Arbeitsteilung der Verwaltungsorgane korporativer Unternehmen sieht vor, dass der Vorstand das Unternehmen leitet und seine Geschäfte führt und der Aufsichtsrat die Geschäftsführung des Vorstands überwacht und ihn ungefragt oder auf Wunsch berät.

„Vorstand und Aufsichtsrat sollen zum Wohle der Gesellschaft eng zusammenarbeiten."[79] Damit die Beengtheit von Vorstand und Aufsichtsrat nicht zu Reibereien führt, muss die Kooperation von einer offenen Diskussion und der Wahrung der Vertraulichkeit geprägt sein. Auf diese Weise lassen sich Dissonanzen selbst dann vermeiden, wenn Lieblingsprojekte des Vorstandsvorsitzenden oder teure Vorhaben des für Technik zuständigen Vorstandsmitglieds von der Zustimmung des Aufsichtsrats abhängig sind.

Die Überwachungstätigkeit des Aufsichtsrats bezieht sich auf **alle Leitungs- und Geschäftsführungsmaßnahmen**, die der Vorstand vorbereitet, durchführt oder veranlasst und kontrolliert. Neben dem Vorstand als Gesamtorgan ist auch das einzelne Vorstandsmitglied Zielperson der Aufsichtsratsüberwachung, und zwar sowohl bezüglich seiner Mitarbeit im Vorstandsteam als auch in Bezug auf seine spezielle Ressortverantwortung.

Von einem aufmerksamen Aufsichtsrat und seinen achtsamen Mitgliedern wird erwartet, dass sie sich zur Überwachung der Geschäftsführung

- regelmäßig über den Gang der Geschäfte informieren
- und rechtzeitig erkundigen, ob und wie Markt- und andere Einflüsse die Entwicklung des Unternehmens tangieren, beeinträchtigen oder gar gefährden und
- welche Gegenmaßnahmen und Vorsorgen der Vorstand getroffen hat oder treffen wird, um Fortbestand und Erfolg des Unternehmens zu sichern.

---

[79] DCGK, Grundsatz 13.

Als Grundlage dient hauptsächlich die regelmäßige Berichtserstattung des Vorstands (Kapitel D.4.3).

Die **Überwachungstätigkeit** des Aufsichtsrats besteht vor allem in der kritischen Lektüre, Analyse und Beurteilung von Plänen, Berichten und Ergebnissen sowie in der Diskussion mit dem Vorstand. Damit soll die aktuelle und absehbare betriebliche Realität den Aufsichtsratsmitgliedern nahegebracht werden.

Während der Vorstand meist in komfortablen Diensträumen und in stetem Kontakt zu den Mitarbeitern seinen Pflichten nachgeht, tagen das Plenum und die Ausschüsse des Aufsichtsrats in der Abgeschiedenheit eines abgeschlossenen Sitzungsraumes. Außerhalb der Sitzungen arbeitet jedes Aufsichtsratsmitglied allein und abgeschirmt von Angehörigen und Haushaltshilfen im *Homeoffice*. Wegen dieser Isolation ist sowohl außer- als auch innerhalb des Unternehmens von der Überwachungstätigkeit des Aufsichtsrats wenig zu merken.

2 Gegenstand der Überwachung

2.1 Originäre Führungsaufgaben des Vorstands

Kern der Überwachung durch den Aufsichtsrat sind die sog. „originären Führungsaufgaben" des Vorstands. Sie umfassen neben den gesetzlichen Pflichten und Verantwortlichkeiten des Vorstands alle Entscheidungen und Maßnahmen, die (1) für den Fortbestand und den nachhaltigen wirtschaftlichen Erfolg des Unternehmens von wesentlicher Bedeutung sind und (2) die Kenntnisse und den Überblick über alle bestimmenden betrieblichen Zusammenhänge und Außenbeziehungen des Unternehmens voraussetzen.

Zu den originären Führungsaufgaben des Vorstands gehören insbesondere:

- Entwicklung und Fortentwicklung des Geschäftsmodells und der strategischen Ausrichtung des Unternehmens sowie die Bestimmung der Unternehmenspolitik,
- die Gestaltung der Unternehmensorganisation und der Führungsstruktur, einschließlich der internen Entscheidungs- und Kontrollzuständigkeiten,
- die Besetzung der wichtigsten Führungspositionen im Unternehmen (z.B. Bereichsleiter, Sekretärinnen oder Hausmeister),
- die Koordination der verschiedenen Unternehmensbereiche,
- Richtlinien für die betrieblichen Abläufe,
- Entscheidungen über den Einsatz der finanziellen, sachlichen und personellen Ressourcen des Unternehmens, ferner über wesentliche Investitionen, Geschäfte und sonstige betriebliche Maßnahmen, welche die Vermögens-, Finanz- und Ertragslage des Unternehmens erheblich beeinflussen,
- die Auswahl oder Aufgabe von Standorten der Produktion und anderer Unternehmensfunktionen, wie Forschung, Beschaffung, Vertrieb und Verwaltung,
- Erwerb und Veräußerung von Beteiligungen an anderen Unternehmen und wichtige Unternehmensverträge,
- die Einrichtung eines unternehmensübergreifendes Internen Kontroll-, Risikomanagement- und Compliance-Management-Systems

– sowie die Rechnungslegung und öffentliche Kommunikation des Unternehmens.

Auch die generelle Organisation der bereichs- und betriebsübergreifenden betrieblichen Tätigkeiten ist grundsätzlich vom Vorstand zu bestimmen. Gemeint sind die Festlegung von Arbeits- und Dienstzeiten, Dienstkleidung, Betriebsferien und andere allgemeinen Regelungen, wie Reisekosten- und Parkplatzordnung, die Sicherheitsstruktur des Unternehmens (z.B. Firmenausweis, Wachdienst) oder Sozialeinrichtungen, wie Kantine, Vorstandscasino oder Kindergarten.

Umfang und räumliche Distanz der Betriebstätten und der relevanten Märkte des Unternehmens einerseits und die für Managemententscheidungen erforderliche Markt- und Betriebsnähe andererseits verlangen eine dezentrale und teamorientierte **Managementstruktur**. Dazu muss der Vorstand direkt oder indirekt für jede Führungsebene die spezifischen Führungsaufgaben und -verantwortlichkeiten definieren, die ihrem Charakter und ihrer Bedeutung nach weder an untergeordnete Führungskräfte delegiert werden können noch bei Beachtung der eigenen Befugnisse auf übergeordneten Stellen verlagert werden sollen.

Der **Aufsichtsrat** muss sich überzeugen, dass der Vorstand seine originären Führungsaufgaben vollumfänglich wahrnimmt und sich im Interesse einer effizienten Führungsstruktur auch darauf konzentriert. Das schließt die Überprüfung ein, ob die Verantwortung und Aufgaben der nachfolgenden Führungsebenen sachgerecht und zweckmäßig abgegrenzt sind und kontrolliert werden. Den Aufsichtsratsmitgliedern bleibt also nicht erspart, sich mit der Organisationsstruktur und den wesentlichen Prozessen des Unternehmens sowie deren wirksamen Kontrolle kritisch auseinanderzusetzen.

2.2 Führungsinstrumente

Um das Unternehmen und seine Geschäfte ordentlich, wirtschaftlich vernünftig und erfolgreich zu führen, benötigt der Vorstand geeignete Führungsinstrumente, die auch bei der Überwachung seiner Geschäftsführung heranzuziehen sind.

Unverzichtbare Führungsinstrumente sind:

- Zielsetzungen und Planung für das Unternehmen,
- zeitnahe, ordnungs- und regelmäßige Erfassung der Ist-Daten,
- Soll-Ist-Vergleiche und Abschätzung des Voraussichtlichen Ists für wesentliche Erfolgsfaktoren, die zugleich Teil der regelmäßigen Berichterstattung an den Aufsichtsrat über die tatsächliche Entwicklung des Unternehmens sind und
- ein der wirtschaftlichen und der Risikolage des Unternehmens entsprechendes wirkungsvolles Internes Kontroll-, Risikomanagement- und Compliance-Management-System.

2.2.1 Zielsetzungen und Planung

Für erstrangige Führungskräfte heißt „Managen" das Setzen von Zielen. Das beschäftigt sie so sehr, dass die Zielerfüllung den übrigen Unternehmensangehörigen überlassen werden muss. Beide Elemente werden durch die operative Unternehmensplanung verbunden, die zur Entlastung des Vorstands und aus Gründen der Effizienz von Mitgliedern der nachfolgenden Führungsebenen zusammengestellt wird.

Der **zielorientierte Führungsstil** wird von namhaften Managementlehrern als *„Management by Objectives"* (MbO) empfohlen, wobei *„by objectives"* nichts mit „objektiv" i.S.v. realistisch, nüchtern oder vorurteilsfrei zu tun hat. Mit MbO ist vielmehr die diffizile Lenkung von Mitarbeitern mittels hochgesteckter Ziele gemeint.

Spitzenmanager sind es sich schuldig, kaum erfüllbare Ziele vorzugeben. Ihren Mitarbeitern gegenüber sprechen sie von **„Zielvereinbarungen"**. Mit dieser Andeutung einer Kooperationsbereitschaft sollen die Mitarbeiter motiviert werden, unter allen Umständen alles zu tun und zu geben, um die vereinbarten Ziele zu erreichen. Bei dieser Konstellation muss man wissen, dass sich der **Horizont der Erwartungen** mit dem Aufstieg in der Managementhierarchie zeitlich und räumlich immer weiter ausdehnt. Bei hinreichendem Abstand von der Gegenwart mündet das in die strategische Planung. Während die operative Planung den Zufall durch Irrtum ersetzt, bedeutet strategische Planung Irrtum auf lange Sicht.

Spitzenmanager betrachten die **strategische Planung** als ihre vorrangige Aufgabe. Für sie ist wichtig, dass die strategische Planung so makellos gestylt ist, dass sie als nachhaltiges Glaubensbekenntnis vom Aufsichtsrat gutgeheißen wird. Zur Perfektionierung scheuen sie nicht die Hinzuziehung von *Management-Consultants*, die ihr unzureichendes Wissen über das Geschäftsmodell des Unternehmens mit professionellem Vokabular und Layout kaschieren.

Die Last der strategischen Planung und Verantwortung wird für den Vorstand dadurch tragbar, dass Manager der zweiten und dritten Führungsebene für operative Pläne sorgen, die mit den strategischen Visionen weitgehend im Einklang stehen. Die zumindest jährlich erneuerte **operative Unternehmensplanung** ist für das bevorstehende oder gerade begonnene Geschäftsjahr das verbindliche Soll. Sie muss, zumindest in konzentrierter Form, vom Aufsichtsrat gebilligt werden.

2.2.2 Steuerung der Unternehmenstätigkeit

Aus der Gegenüberstellung von Soll- und Ist-Daten und den Ursachen wesentlicher Abweichungen leiten sich Folgerungen zur zielorientierten Steuerung des Unternehmens ab. Diese Teilfunktion der Unternehmensführung ist in größeren Unternehmen als **Controlling** organisatorisch verselbstständigt.

Betrieben wird das Controlling von Controllern, die beleidigt sind, wenn man sie als Kontrolleure bezeichnet. Sie sind zuständig für die Vollständigkeit und sinnvolle Detaillierung der Plan- und Ist-Zahlen nach zu kontrollierenden und erfolgsrelevanten Unternehmensfunktionen, -bereichen oder -abteilungen. Nach Verabschiedung der Planung durch Vorstand und Aufsichtsrat sind sie mit der Feststellung der Soll-Ist-Abweichungen und den Ursachen der wesentlichen Differenzen beschäftigt, um gemeinsam mit den betroffenen Managern Möglichkeiten zum Ausgleich zu suchen. Schließlich versuchen sie, das voraussichtliche Ergebnis zum Ende des Geschäftsjahres abzuschätzen, um die Manager auf die richtige Bahn zu bringen und das Topmanagement zu beruhigen oder unter Stress zu setzen.

Man kann das Controlling als Mahnwesen zur Zielerreichung definieren, weil es den Managern regelmäßig, i.d.R. in monatlichen Abständen, die Differenzen zwischen Soll und Ist vorhält und wirksame Maßnahmen zu ihrer Verringerung anmahnt. Controller und Spitzenmanager glauben bis zum Bilanzstichtag, dass negative Planabweichungen durch Anstrengungen der operativ tätigen Unternehmensangehörigen noch im laufenden Geschäftsjahr umgekehrt werden können.

Zur Aufwertung der Controller wurde das **strategische Controlling** erfunden. Es soll dafür sorgen, dass die strategischen Ziele im Tagesgeschäft nicht völlig vergessen werden. Die strategischen Controller beschäftigen sich mit dem professionellen Layout der strategischen Planung und ihrer Updates. Sie sind – bildlich gesprochen – das Bodenpersonal für die Höhenflüge der Spitzenmanager und vor allem mit der Verlängerung und Ausbesserung der Startbahn und der Reparatur der Flugkörper ausgelastet. Das strategische Controlling stört die betrieblichen Abläufe im Allgemeinen wenig.

Der Chef-Controller größerer Unternehmen sieht sich als Management- und Kommunikationsexperte für den gesamten Managementbetrieb, d.h., er geht den operativ tätigen Managern ständig auf die Nerven.

2.2.3 Kontrollinstrumente

Der Vorstand muss für ein unternehmensübergreifendes und dem Umfang der Geschäftstätigkeit und der Risikolage des Unternehmens angemessenes **Internes Kontroll- und Risikomanagementsystem** sorgen (§ 91 Abs. 3 AktG). Zu diesem Regelkreis aus Planung, Steuerung und Kontrolle gehört ein Überwachungssystem zur Risikofrüherkennung, mit dem den Fortbestand des Unternehmens gefährdende Entwicklungen rechtzeitig erkannt werden.

Obwohl der Aufsichtsrat und seine Mitglieder – meist von ihnen unbemerkt – vom Vorstand oft gesteuert werden, gehört der Aufsichtsrat nicht zum Überwachungssystem des Vorstands. Der Aufsichtsrat ist keine Systemkomponente, sondern ein eigenständiges Überwachungsorgan, das vom Vorstand unabhängig, aber von dessen Informationen abhängig seinen Dienst tut.

Das Interne Kontrollsystem (IKS) des Unternehmens soll die Ordnungsmäßigkeit der betrieblichen Abläufe und Handlungen möglichst automatisch steuern und kontrollieren. Es hat sich in vielen Unternehmen zu einem Riesenapparat entwickelt, der kreative Mitarbeiter und Manager so behindert, dass niemand durch einen unerwarteten Erfolg überrascht wird.

Als Gipfel der internen Unternehmenskontrolle haben größere Unternehmen eine „interne Revision" eingerichtet, die im Gegensatz zum Controlling prozessunabhängig tätig wird. Die **interne Revision** ist das Wachbataillon des Top-Managements, das an jeder Stelle des Unternehmens unangemeldet aufmarschieren kann. Der Überraschungseffekt ist der Vater des Revisionserfolgs.

Die interne Revision heißt so, weil sie ihre Orakelsprüche aus den Innereien des Unternehmens abliest. Sie versucht, das Chaos im Unternehmen an der vom Top-Management gewünschten Ordnung zu messen, soweit diese in Richtlinien, Organisationsplänen, Anweisungen, Memos oder Handbüchern niedergelegt oder sonst zum Ausdruck gebracht wurden. Etwaige Beanstandungen maskiert sie als Verbesserungsvorschläge. Das verschafft ihr eine minimale Vertrauensbasis, schwächt die automatische Abwehr der hart bedrängten Revidierten und macht diese leidensbereiter.

Nach ihrem **Selbstverständnis** ist die interne Revision nicht nur Hüterin von Recht- und Ordnungsmäßigkeit und Mahnerin zur Wirtschaftlichkeit, sondern auch die perfekte Managementberaterin in allen Angelegenheiten des Unternehmens. Schließlich sieht sich die interne Revision als letzte Verteidigungslinie gegen Fehlentwicklungen und Fehlhandlungen in allen Abteilungen und auf allen Ebenen des Unternehmens[80]. Sie sieht sich als heimlicher Kumpan des Aufsichtsrats und erwartet entsprechende Aufmerksamkeit.

Ausgeübt wird die Revision von **Revisoren**, die ständig landauf und landab unterwegs sind, um Ordnung und Wirtschaftlichkeit zu stiften. Ein guter Revisor muss die Mängel der geprüften Um- und Missstände

---

[80] *Institute of Internals Auditors*, The Three-Lines Model, 2020.

mindestens so schlimm darstellen, wie sie tatsächlich sind. Hinweise zur umgehenden Besserung sind erwünscht.

Der Unterschied zwischen Controller und interner Revision besteht darin, dass der Controller bei seinen Feststellungen zwar oft im Irrtum, aber nie im Zweifel ist, während der Revisor bis zuletzt zweifelt, ob er allfällige Irrtümer anderer erkannt hat.

Die interne Revision wird wegen ihrer bereichsübergreifenden Tätigkeit gern zur Zwischenlagerung der Überbleibsel von *Assessment Centern* missbraucht. Dabei handelt es sich um Nachwuchskräfte, die nach Ansicht der Personalexperten Führungspotenzial besitzen und die aber (noch) nicht im normalen Geschäftsbetrieb einsetzbar sind. Sie sollen als Begleiter der Revisoren aus den Unzulänglichkeiten des Betriebs und seiner Verwaltung lernen. Wenn sie nach entsprechenden Erfahrungen für die Revision nützlich geworden sind, werden sie zum Jungmanager einer anderen Abteilung befördert.

Der vorletzte Schrei der unternehmensinternen Kontrolle ist der **Compliance Officer**, der dafür sorgen soll, dass durch ein effektives *Compliance-Management* alle vorgegebenen Regeln und Vorschriften von allen Unternehmensangehörigen eingehalten werden. Als *Dernier Crie* wird ein *Fraud-Management-System* vorgeschlagen, das mit krimineller Fantasie präventiv dolose Handlungen von Unternehmensangehörigen verhindern oder zumindest erschweren soll.[81]

---

[81] *Beckemper*, Fraud-Management-System, Der Aufsichtsrat 2022, S. 44.

3 Rechnungs- und Finanzwesen

3.1 Überblick

Bei seiner Überwachung darf der Aufsichtsrat nicht vergessen, dass der Vorstand auch dafür verantwortlich ist, dass die erforderlichen Handelsbücher vom Unternehmen geführt werden (§ 91 Abs. 1 AktG). Darin sind alle Geschäftsvorfälle, Vermögensgegenstände, Schulden und Rechnungsabgrenzungsposten sowie sämtliche Erträge und Aufwendungen des Unternehmens zu erfassen. Sie sind die Grundlage für die Finanzberichterstattung des Unternehmens.

Neben den Handelsbüchern (§§ 238 ff. HGB) umfasst das **Rechnungswesen** der Unternehmen weitere Dateien, wie Kosten- oder Cashflow-Rechnungen, die vor allem zur Kalkulation bzw. der Finanzkontrolle dienen. Zunehmend sind auch unternehmensrelevante soziale und ökologische Nachhaltigkeitsfaktoren im Rechnungswesen zu erfassen (Kapitel F.3.2).

Die im Rechnungswesen erfassten Daten und die daraus abgeleiteten Erkenntnisse finden in verdichteter Form ihren Niederschlag in der Berichterstattung des Vorstands an den Aufsichtsrat (Kapitel D.4.3). Im Mittelpunkt steht dabei die **kurzfristige**, meist monatliche **Erfolgsrechnung**. Sie zeigt die Erträge und Aufwendungen der Wertschöpfung des Unternehmens und ist nach (Haupt-)Produkten, Märkten oder Fertigungsstandorten gegliedert. Sie nennt deren Umsatzerlöse, direkte Kosten und Deckungsbeiträge sowie die anteiligen indirekten Kosten. Die Soll- und Ist-Zahlen der kurzfristigen Erfolgsrechnung sollen erkennen lassen, bei welchen Produkten, Leistungsbereichen und Standorten Probleme, Erfolge oder Verluste aufgetreten oder zu erwarten sind.

Ergänzt wird die erfolgsbezogene Berichterstattung durch Informationen über die **Bestände** und Bestandsentwicklung von Rohstoffen, Waren und Erzeugnissen, von Forderungen und Verbindlichkeiten sowie von liquiden Mitteln. Darüber hinaus sind auch die immateriellen Ressourcen (Fachkräfte, Qualifikation, Know-how, Patente) zu beobachten, um auf vorhandene oder drohende Engpässe rechtzeitig reagieren zu können.

Über Erfolg und Existenz des Unternehmens entscheidet letztlich seine finanzielle Ausstattung und permanente Zahlungsfähigkeit. Daher muss der Aufsichtsrat dem **Finanzwesen**, das für die Beschaffung, Verwaltung und Steuerung der finanziellen Ressourcen (Eigen- und Fremdkapital) des Unternehmens zuständig ist, die gebührende Beachtung widmen.

3.2 Die kaufmännische Buchführung

3.2.1 Inhalt und Systematik

Kaufleute dokumentieren seit uralten Zeiten ihre Geschäfte, ihr Vermögen und ihre Schulden, um sich rückblickend über Gewinne und Vermögensmehrung zu freuen oder über Verluste und Vermögensminderungen die Haare raufen zu können. Vor allem aber, um fundierte Pläne für den Fortgang der Geschäfte zu machen. Heutzutage ist jeder Kaufmann, jede Handelsgesellschaft, jede eingetragene Genossenschaft und jedes andere Unternehmen gesetzlich zu solcher Dokumentation verpflichtet (§§ 238 ff. HGB). Auch aus steuerlichen Gründen bleibt dem Kaufmann die Buchführung nicht erspart (§§ 140 ff. AO).

Der Begriff „Buch" ist im Zusammenhang mit der kaufmännischen Buchführung nicht wörtlich gemeint. Geführt werden nicht nur gebundene **Bücher**. Buchführung ist auch auf losen Blättern oder elektronisch möglich. Mit „Buch" oder „Bücher" sind alle Medien und Datenträger angesprochen, in denen die Geschäfte des Kaufmanns mit vorgeschriebener oder zweckmäßiger Systematik aufgezeichnet werden. Sie bilden die Grundlage der periodischen Rechnungslegung des Kaufmanns.

Verantwortlich für die Buchführung und Rechnungslegung sind die gesetzlichen Vertreter des Unternehmens, also bei der Aktiengesellschaft der Vorstand. Zum Wohlbefinden dieser Vertreter trägt wesentlich bei, dass für die Ausführung von Buchführung und Rechnungslegung andere Unternehmensangehörige als Hilfspersonen hinzugezogen werden dürfen, was die solide und fristgerechte Datenerfassung und -verarbeitung enorm erleichtert.

Top-Manager nähern sich den Niederungen der Buchführung nur widerwillig, weil ihnen die dort vermerkten Details den weiten Horizont ihrer strategischen Visionen versperren könnten.[82] Sie delegieren daher die Buchführungsarbeiten an Untergebene und tragen nach außen dafür tapfer die Verantwortung. Mit anderen Worten: Top-Manager führen das Unternehmen, aber nicht dessen Bücher. Die großzügige Unaufmerksamkeit gegenüber der Buchführung rechtfertigen Top-Manager damit, dass man im Alltag auch kosmetische Artikel verwendet, ohne deren chemische Zusammensetzung zu kennen oder erklären zu können.

Seit langer Zeit unterscheidet man die einfache und die doppelte Buchführung. Die einfache Buchführung ist fast ausgestorben, weil sie den vom Gesetzgeber willentlich hoch getriebenen Anforderungen an die Rechnungslegung nicht ganz folgen kann. Sie kommt nur für kleine und einfach strukturierte Unternehmen in Betracht.

3.2.2 Die doppelte Buchführung[83]

Die doppelte Buchführung gehört zwar zum Grundstudium der Betriebswirtschaftslehre, doch wird das dort vermittelte Wissen schnell vergessen, zumal man ohne diesbezügliche Kenntnisse in dieser Wissenschaft promovieren oder Führungskraft in einem Unternehmen werden kann. In der rauen Praxis von Vorstand und Aufsichtsrat erweist es sich dennoch als hilfreich, wenn man als Mitglied mit den Grundbegriffen und -techniken der doppelten Buchführung vage vertraut ist.

Bei der doppelten Buchführung sind zwei Grundformen zu unterscheiden, nämlich das **Führen doppelter Bücher** und die doppelte Erfassung der Geschäftsvorfälle in den Büchern. Die Führung doppelter Bücher ist in dunklen Kreisen trotz weltweiter Ächtung immer noch eine beliebte Variante der Buchführung. Diese gespaltene Buchführung erfasst zusammengehörige Sachverhalte in separaten Büchern, damit deren Konnex nicht erkannt wird. Die Zusammengehörigkeit wird meist nur durch Zufall oder bei Eintritt der kaschierten Katastrophe

....
[82] *Reifeisen*, Wir öffnen Horizonte, Frankfurt 1997, S. 18 f.
[83] Die Bezeichnung „Buchhaltung", die früher verbreitet war, konnte sich in der durch Haltlosigkeit gekennzeichneten Postmoderne nicht halten. Obwohl niemand derzeit sagen kann, wohin das führen soll, spricht man heute nur noch von „Buchführung". Vgl. *Schroben-Hauser*, Vom Kontor zum Bürohochhaus, Frankfurt 1979.

entdeckt.[84] Attribute dieser ungesetzlichen Buchführung sind dunkle Geschäfte, Luftbuchungen, gefälschte Belege und schwarze Konten.

Die doppelte Buchführung i.S.d. **doppelten Aufzeichnung** eines Geschäftsvorfalls bezeichnet der Buchexperte kurz und prägnant mit „Doppik". *Goethe* nannte sie „eine der schönsten Erfindungen des menschlichen Geistes".[85] Vermutlich wegen dieser Einschätzung *Goethes* gilt die Buchführung in Form der Doppik heute als klassisch. Sie wird nicht selten als akademische Kleinkunst diskriminiert, die am besten in abgelegenen Räumen des Verwaltungsgebäudes von emsigen Buchhaltern betrieben wird. Die Buchführung verdient genau so viel Respekt wie andere Unternehmensbereiche.

Zum Wohl bildungshungriger Leser soll die Doppik etwas näher betrachtet werden. Die englische Bezeichnung der Doppik, nämlich *„double entry"*, charakterisiert die doppelte Buchführung ganz markant. Um einen Geschäftsvorfall zu erfassen, sind zumindest zwei Bucheinträge im „Soll" und/oder „Haben" der Bestands- oder Erfolgskonten erforderlich. Wichtig ist, dass bei der Erfassung eines Geschäftsvorfalls die Wertsumme der Buchungen im Soll und im Haben gleich sind.[86] Der immer wieder notwendige Abgleich der Summen von Soll- und Haben-Seite kann Buchhalter lange Zeit in Atem halten, dient aber der Sicherheit. Buch- und Bilanzfälscher erschwert er die Vollendung ihrer Arbeit.

In der **Bilanz** werden die Soll-Posten als „Aktiva" und die Haben-Posten als „Passiva" und in der Gewinn- und Verlustrechnung (**GuV**) als „Aufwendungen" bzw. „Erträge" verdichtet. Um diese Dichtkunst zu begrenzen, hat der Gesetzgeber für Kapitalgesellschaften und größere andere Unternehmen ausführliche Gliederungsvorschriften für die Bilanz und die GuV vorgeschrieben.[87]

---

[84] *Kniffel*, Gespaltene Buchführung in Theorie und Praxis, Wiesbaden 1982.
[85] *Goethe*, Wilhelm Meister, Lehrjahre, 1. Teil, 10. Kapitel (1784).
[86] Zur Problematik und praktischen Lösungsansätzen siehe *Müller-Stedingen*, Vorzeichen als Anzeichen einer absichtlichen Verrechnung, Leipzig 1993.
[87] § 266 und § 275 HGB.

Der Buchungseifer der Buchhalter wird dadurch in Grenzen gehalten, dass keine Buchung ohne Beleg erfolgen darf.[88] Die kaufmännische Buchführung wird daher vom **Belegprinzip** beherrscht. Der Beleg ist die materielle Grundlage für die mehr oder weniger umständliche Verarbeitung der Geschäftsvorfälle in der Buchhaltung. Allen Unternehmensangehörigen ist daher aufgegeben, an der Beschaffung von Belegen mitzuwirken.

Da an Form und Inhalt der Belege, namentlich von den Finanzbehörden, zunehmend hohe Anforderungen gestellt werden, ist die im Belegwesen ausgebildete Fachkraft zu einem wichtigen Beruf geworden. Immer wieder aufgedeckte Belegmängel beweisen, dass es zu wenig diplomierte Belegfachkräfte gibt und dass im Belegwesen ein großes Beschäftigungspotenzial verborgen ist.

3.3 Finanzwesen

Das Finanzwesen bezeichnet man in höheren Kreisen als **Cash- und Kreditmanagement.** Seine Aufgaben sind:

– die jederzeitige Zahlungsbereitschaft des Unternehmens zu gewährleisten,
– die Finanzierung der betrieblichen Aktivitäten fristen- und kostenmäßig optimal sicherzustellen und
– den Kapitaldienst (Verzinsung und Tilgung von Krediten) vertrags- und termingerecht abzuwickeln.

Ein wichtiges Instrument des Finanzmanagements stellt die **Kapitalflussrechnung** dar. Sie ist Pflichtbestandteil der Konzern-Rechnungslegung (§ 297 Abs.1 HGB); Inhalt und Darstellung sind in dem Deutschen Rechnungslegungs-Standard DRS 21 geregelt. Die Kapitalflussrechnung ergänzt die Bilanz und GuV, indem sie die Zahlungsströme der Berichtsperiode und die dadurch bewirkten Änderungen der Liquiditätsposition des Unternehmens aufzeigt.

---

[88] Grundlegend *Schmaltz-Bemme*, Das Belegwesen in der Sandwichfabrik, Berlin 1989.

Die Ein- und Auszahlungen einer Periode bezeichnet man als **Cashflow**. Ihre Bedeutung wird durch die Tatsache unterstrichen, dass ein Unternehmen nur dann fortgeführt werden kann, wenn es nachhaltig Einzahlungsüberschüsse erzielt und stets über ausreichende Zahlungsmittel verfügt, um alle fälligen Zahlungsverpflichtungen erfüllen zu können.

Mit Inhalt und Zweck der Kapitalflussrechnung sollten alle Aufsichtsratsmitglieder vertraut sein. In ihr werden die Zahlungsströme oder Cashflows nach den drei Hauptquellen gegliedert, nämlich als

- Cashflow aus der laufenden Geschäftstätigkeit (Einnahmen durch Umsatzerlöse abzüglich Ausgaben für Material, Arbeitseinsatz und andere betriebsbezogene Leistungen Dritter),
- Cashflow aus der Investitionstätigkeit (Ausgaben für Investitionen, Einnahmen aus Anlageabgängen) und
- Cashflow aus der Finanzierungstätigkeit (Einzahlungen aus Eigenkapitalzuführungen oder der Aufnahme von Krediten abzüglich Ausgaben für Schuldendienst, Gewinnausschüttung).

Die künftigen Ein- und Auszahlungen sind auch maßgeblich für die Bewertung eines Unternehmens als Ganzes (*Discounted Cashflow*) und für Wirtschaftlichkeit von Investitionsvorhaben.

4 Überwachungsinstrumente des Aufsichtsrats

Zur Überwachung der Geschäftsführung nutzt der Aufsichtsrat neben den in Kapitel D.2.2. erwähnten Führungsinstrumenten und den regelmäßigen Berichten des Vorstands folgende Instrumente, die von ihm regelmäßig an aktuelle Entwicklungen und Bedürfnisse angepasst werden müssen.

4.1 Geschäftsordnung für den Vorstand

Verfahrensregeln und andere **Einzelheiten der Geschäftsführung** können in der Satzung festgelegt werden. Um auf neue Entwicklungen rasch reagieren zu können, empfiehlt sich jedoch, dass der Aufsichtsrat wichtige Teile der Vorstandsarbeit in einer Geschäftsordnung regelt. Üblicher Weise werden darin folgende Punkte bestimmt:

– Gesamtverantwortung des Vorstands, **Geschäftsverteilung** und Ressortverantwortung einzelner Mitglieder, gegenseitige Vertretung der Vorstandsmitglieder, Aufgaben des Vorstandsvorsitzenden oder eines Sprechers, Entscheidungsvorbehalte für den Gesamtvorstand,
– gegenseitige Informationsrechte und -pflichten der Vorstandsmitglieder,
– **Vorstandssitzungen** (Einberufung, Beschlussfähigkeit, Beschlussverfahren – Einstimmigkeit, einfache oder qualifizierte Mehrheit, Stichentscheid oder Vetorecht des Vorsitzenden, Recht auf Vertagung),
– Sitzungsfrequenz, Protokollführung,
– **Berichterstattung** an den Aufsichtsrat, den Aufsichtsratsvorsitzenden oder an die Ausschüsse des Aufsichtsrats (Anlass, Inhalt, Zeitpunkt und Frequenz),
– Regelungen für die Vertretung bei Dienstreisen und für Abwesenheit durch Urlaub oder Krankheit.

Grundsätzlich tragen die Vorstandsmitglieder gemeinsam die Verantwortung für die Geschäftsführung, und zwar unbeschadet der Ressortverteilung innerhalb des Vorstands. Der **Gesamtvorstand** entscheidet stets, wenn nach dem Gesetz oder der Satzung eine Beschlussfassung durch den Vorstand vorgeschrieben ist. Das Übrige regelt die Geschäftsordnung. Sie ist von materieller Bedeutung, wenn das gesetzlich vorgesehene Einstimmigkeitsprinzip für Vorstandsbeschlüsse aufgegeben wird.

Jedes **Vorstandsmitglied** führt im Rahmen der Beschlüsse des Vorstands den ihm zugewiesenen Geschäftsbereich in eigener Verantwortung. Bei Entscheidungen, die auch andere Vorstandsbereiche tangieren, muss sich das Vorstandsmitglied mit den betroffenen Kollegen abstimmen. Bei Uneinigkeit ist eine Entscheidung des Gesamtvorstands herbeizuführen. Im Übrigen hat jedes Vorstandsmitglied seine Kollegen unverzüglich über wichtige Entscheidungen, Maßnahmen und Ereignisse in seinem Bereich zu informieren. Jedes Vorstandsmitglied kann verlangen, dass derartige Angelegenheiten dem Gesamtvorstand zur Entscheidung vorgelegt werden.

4.2 Zustimmungspflichtige Geschäfte

Zur Bändigung überaktiver Vorstandsmitglieder und zur Überwachung der Geschäftsführung sind bestimmte Arten von Geschäften an die **vorherige Zustimmung des Aufsichtsrats** zu binden (§ 111 Abs. 4 AktG). Die zustimmungspflichtigen Geschäfte sind durch die Satzung und/oder durch den Aufsichtsrat zu bestimmen. Ihr Katalog sollte von der wirtschaftlichen Bedeutung der Geschäfte, der wirtschaftlichen Situation und der Risikolage der Gesellschaft diktiert werden. Zustimmungspflichtig sind z.B. der Erwerb und die Veräußerung von Beteiligungen an anderen Unternehmen, große Investitionsvorhaben, kostspielige Marktkampagnen oder die Auswahl exotischer Dienstwagen für Vorstandsmitglieder.

Zwingend gehören zu den zustimmungspflichtigen Geschäften alle wesentlichen **Geschäfte mit nahestehenden Personen**, die nicht zu marktüblichen Bedingungen und nicht im ordentlichen Geschäftsgang abgeschlossen werden (§§ 111a ff. AktG). Zur Abschreckung sind derartige Geschäfte unverzüglich öffentlich bekannt zu machen.

Als nahestehend gelten Unternehmen und Personen, die aufgrund familiärer Verbindungen oder geschäftlicher oder vertraglicher Beziehungen den Vorstand dazu bewegen können, ihre Interessen dem Interesse des Unternehmens vorzuziehen.[80] Wesentlich sind die mit derselben Person getätigten Geschäfte, deren wirtschaftlicher Wert allein oder zu-

---

[89] Im Einzelfall sind die nahestehende Unternehmen und Personen nach IAS 24.9 zu identifizieren.

sammen mit den innerhalb des laufenden Geschäftsjahres getätigten Geschäften 1,5 % der Summe von Anlage- und Umlaufvermögen der Gesellschaft oder ggf. ihres Konzerns übersteigen (§ 111b AktG).

Um die Spreu der normalen Geschäfte von dem Weizen der zustimmungspflichtigen Geschäfte zu trennen, müssen die betroffenen Unternehmen ein **internes Verfahren** installieren (§ 111a Abs. 2 AktG), an dem Aufsichtsratsmitglieder, die in zustimmungspflichtige Geschäfte verwickelt sind, nicht beteiligt werden dürfen. Bei dem Zustimmungsbeschluss des Aufsichtsrats dürfen Mitglieder, die wegen ihrer Beziehungen zu nahestehenden Personen in Interessenkonflikt geraten können, ihr Stimmrecht nicht ausüben.

Der Vorstand empfindet die erforderliche Zustimmung des Aufsichtsrats als Einschränkung seiner Leitungsmacht. Wenn er wichtige Entscheidungen an untere Managementebenen delegiert und sie damit formell der Zustimmungspflicht entzieht, mag das in Anbetracht der geringen Trefferquote, mit der das Top-Management richtige Entscheidungen treffen, tolerierbar sein, sollte aber nicht vom Aufsichtsrat geduldet werden.

Ein kritischer Aufsichtsrat sollte darauf dringen, dass ihm wichtige oder besonders riskante Geschäfte vor ihrer Ausführung rechtzeitig vorgelegt werden.

4.3 Berichterstattung des Vorstands

Seiner kritischen Grundhaltung entsprechend hält der Aufsichtsrat den Vorstand und seine Mitglieder prinzipiell und in jeder Hinsicht für fehlbar. Zur laufenden Inspektion hat der Gesetzgeber folgende Berichterstattung des Vorstands an den Aufsichtsrat vorgesehen (§ 90 Abs. 1 und 2 AktG):

– mindestens einmal jährlich über die beabsichtigte Geschäftspolitik und andere Fragen der Unternehmensplanung (insbesondere die Finanz-, Investitions- und Personalplanung),
– in der Bilanzsitzung (Kapitel E.3.2) über die Rentabilität des Unternehmens,
– regelmäßig, mindestens vierteljährlich über den Gang der Geschäfte, insbesondere Umsatz und die Lage der Gesellschaft,

- über Geschäfte, die für die Rentabilität oder Liquidität der Gesellschaft von erheblicher Bedeutung sein können, möglichst so rechtzeitig, dass der Aufsichtsrat vor Vornahme der Geschäfte Gelegenheit zur Stellungnahme hat.

Die Berichte des Vorstands müssen einer gewissenhaften und getreuen Berichterstattung entsprechen. Sie müssen wahr, vollständig, übersichtlich und klar sein und die tatsächlichen Verhältnisse wiedergeben. Fakten, Annahmen und Einschätzungen sind in der Berichterstattung deutlich zu unterscheiden. Inhalt, Gestaltung und Zeitpunkt der Berichtserstattung sollten an aktuelle Entwicklungen angepasst und verbessert werden.

Im Übrigen kann der Aufsichtsrat **jederzeit** vom Vorstand einen Bericht verlangen über

- Angelegenheiten der Gesellschaft,
- ihre rechtlichen und geschäftlichen Beziehungen zu verbundenen Unternehmen sowie über
- geschäftliche Vorgänge bei diesen Unternehmen, die für die Lage und Entwicklung der Gesellschaft von Bedeutung sind.

Auch ein einzelnes Aufsichtsratsmitglied kann einen solchen Bericht anfordern, aber nur an den Gesamtaufsichtsrat.

Jedes Aufsichtsratsmitglied ist angehalten, die Berichte des Vorstands kritisch zu lesen. Es darf die vom Vorstand gegebenen Informationen grundsätzlich für zutreffend halten, wenn sie keine offensichtlichen Unrichtigkeiten oder unplausiblen Angaben aufweisen. Bei **Zweifel** an der Richtigkeit, Vollständigkeit oder Plausibilität der Informationen muss der Aufsichtsrat den Vorstand um erklärende Auskünfte bitten. Genügen diese Auskünfte nicht, muss der Aufsichtsrat weitere Aufklärungsarbeit leisten, um die Zweifel auszuräumen. Er kann damit eines seiner Mitglieder oder einen Ausschuss beauftragen oder eine Überprüfung durch sachverständige Dritte, z.B. den Abschlussprüfer, vornehmen lassen.

Unabhängig von der regelmäßigen Berichterstattung an den Aufsichtsrat müssen der **Aufsichtsratsvorsitzende** und der Vorsitzende oder Sprecher des Vorstands in kontinuierlichen Kontakt stehen. Der Aufsichtsratsvorsitzenden ist über gravierende Ereignisse und Entwicklungen sowie aus anderen wichtigen Anlässen unverzüglich informieren. Er muss mit dem Vorstand, insbesondere mit dessen Vorsitzenden oder Sprecher, u.a. Fragen der Strategie, der Geschäftsentwicklung, der Risikolage und Risikomanagements sowie der internen Kontrolle des Unternehmens erörtern.[90]

Über wesentliche Neuentwicklungen und Planabweichungen muss der Aufsichtsratsvorsitzende sogleich seine Aufsichtsratskollegen unterrichten und überlegen, ob ihre Dringlichkeit und Bedeutung eine außerordentliche Aufsichtsratssitzung erfordern.

Damit **vertrauliche Unterlagen** nicht in unrechte Hände geraten, werden sie häufig erst in der Aufsichtsratssitzung den anwesenden Aufsichtsratsmitgliedern präsentiert. Zur Besänftigung der überraschten Sitzungsteilnehmer dienen ausführliche *PowerPoint*-Präsentationen, die in einem rosigen Licht gehalten sind. Bei fehlender oder unvollkommener Konferenztechnik werden gleichartige Tischvorlagen verteilt, die wegen der Vertraulichkeit nach der Aufsichtsratssitzung sofort wieder eingesammelt werden.

Der Aufsichtsrat muss sich allerdings fragen, ob er diese Vorgehensweise für angemessen hält und vor dem Hintergrund seiner Überwachungspflichten akzeptieren kann.

4.4 Vorstandsunabhängige Informationen

Das amtstypische Misstrauen kritischer Aufsichtsräte schürt den Argwohn, dass die vom Vorstand mitgeteilten Informationen unvollständig, tendenziös oder fehlerhaft sein könnten. Aufsichtsratsmitglieder, die ihren Informationsbedarf besser durch den Wirtschaftsteil der Tageszeitungen und durch Managermagazine abgedeckt sehen, belegen diese Skepsis. Der verunsicherte Aufsichtsrat wird daher auf vorstandsunabhängige Informationen zurückgreifen wollen.

---

[90] DCGK D.6.

Als erster Informant bietet sich der **Abschlussprüfer** an, der vom Gesetzgeber immer mehr zum Nothelfer für den Aufsichtsrat aufgewertet wurde und wesentliche Interna des Unternehmens aufgrund seiner Prüfungstätigkeit kennt. Eine zweite vertrauenswürdige Informationsquelle ist für einfache Aufsichtsratsmitglieder der **Prüfungsausschuss**, dessen Mitglieder bei Unternehmen von öffentlichem Interesse ein direktes Auskunftsrecht gegenüber wichtigen Bereichsleitern des Unternehmens haben (Kapitel B.5.3.4).

Darüber hinaus ist umstritten, ob, wann und in welchem Umfang der Aufsichtsrat **andere Unternehmensangehörige** befragen oder aushorchen darf. Fortschrittliche Managementlehrer stellen das unbeschränkte Informationsrecht des Aufsichtsrats über den Schutz der Autorität des Vorstands. Diesbezügliche Versuche werden in der Praxis bereits für harmlose Auskünfte mit Erfolg erprobt.

Dieser pragmatisch verständlichen Informationsbeschaffung muss entgegengehalten werden, dass nach dem vorgegebenen rechtlichen Rahmen des Aktiengesetzes ein direkter Kontakt zu Mitarbeitern „am Vorstand vorbei" nur dann infrage kommt, wenn der begründete Verdacht besteht, dass der Vorstand nicht vollständig oder falsch berichtet. Sonst darf der Aufsichtsrat die dem Vorstand unterstehenden Mitarbeiter „dienstlich" nur mit dessen Einverständnis direkt ansprechen.

In Notfällen darf ein Aufsichtsratsmitglied einen nicht zum Vorstand gehörenden Unternehmensangehörigen direkt ansprechen, wenn er selbst körperlich verletzt oder unpässlich und hilfsbedürftig ist oder wenn der Unternehmensangehörige am Boden liegt und anzusprechen ist, ob er bei Bewusstsein ist oder Hilfe benötigt.

Bekannt gewordene Finanz- und Bilanzskandale in Unternehmen nehmen unbetroffene Beobachter zum Anlass, um auf die prophylaktische Nützlichkeit von *Whistleblowern* hinzuweisen. Es geht um ein **Hinweisgebersystem**, das Mitarbeitern des Unternehmens und Personen seines Umfelds vertrauliche Informationskanäle eröffnet, um unter

Wahrung der Anonymität und ohne Furcht vor Repressionen Straftaten, Unregelmäßigkeiten und Ethikverstöße zu melden.[91]

Die Erfahrung lehrt, dass es in jedem größeren Unternehmen genug Pfeifen gibt, welche die Einrichtung eines solchen *Whistleblower*-Systems rechtfertigen. Dennoch wittern sensible Spitzenmanager Unheil, wenn Unternehmensangehörige, die nicht dem Vorstand angehören, ohne Abstimmung mit dem Vorstand dem Aufsichtsrat oder Abschlussprüfer direkt Hinweise oder Auskünfte geben. Die stille Bangigkeit der Vorstände ist, dass solche Anzeigemöglichkeiten der Auftakt zu einem ständigen und zu lauten Pfeifkonzert werden könnten.

---

[91] EU-Hinweisgeberrichtlinie (EU 2019/1937) vom 23.10.2019, ABl L 305/17 v. 26.11.2019. Empfehlung des DCGK A.4.

5 Überwachung im Konzern

5.1 Konzernverhältnisse

Größere, aber auch mittelständische Unternehmen sind häufig durch eine mehrheitliche Beteiligung an anderen Unternehmen als herrschendes Unternehmen oder durch ihren unternehmerischen Mehrheitsgesellschafter als beherrschtes Unternehmen in ein Konzernverhältnis eingebunden. Ein Konzern liegt vor, wenn mindestens zwei rechtlich selbstständige Unternehmen unter einer einheitlichen Leitung eines herrschenden Unternehmens zusammengefasst sind. An der Spitze des Konzerns kann entweder

- ein Industrie- oder Dienstleistungs- oder Handelsunternehmen stehen, das mit eigenen Produkten und Leistungen, unter Umständen auch in Konkurrenz zu Tochterunternehmen, am Markt auftritt (= **Stammhauskonzern**), oder
- ein Holdingunternehmen auftreten, das sich auf das Halten und Managen von Beteiligungen an Tochterunternehmen beschränkt (= **Holdingkonzern**)[92].

In versöhnlichem Ton wird das herrschende Unternehmen **Mutterunternehmen** genannt, während das abhängige Unternehmen ebenso familiär als **Tochterunternehmen** bezeichnet wird. Dieses verwandtschaftliche Verhältnis wird geprägt durch die Beteiligungsquote des Mutterunternehmens, Rechtsform, Größe und wirtschaftliches Gewicht des Tochterunternehmens und die zum Teil unterschiedlichen Interessen der Konzernunternehmen. Das Mutterunternehmen muss diese Faktoren im zulässigen rechtlichen Rahmen wirtschaftlich vernünftig in Einklang oder zum Ausgleich zu bringen.

Die Leitungsmacht des herrschenden Unternehmens beruht entweder auf einem sog. Beherrschungsvertrag (§ 291 AktG; = **Vertragskonzern**)[93] oder faktisch auf der mehrheitlichen Beteiligung an einem an-

---

[92] Zu den verschiedenen Auswüchsen der Holding siehe *Hakelmacher*, Topmanager sind einsame Spitze, 7. Auflage 2020, S. 85 ff.
[93] §§ 308–310 AktG.

deren Unternehmen (Mehrheit des Kapitals und/oder der Stimmrechte = **faktischer Konzern**).[94]

Zum Schutz der Tochterunternehmen und ihrer Minderheitsgesellschafter unterliegt die Einflussnahme der Konzernobergesellschaft **rechtlichen Einschränkungen**. Im Vertragskonzern darf die Konzernleitung eine abhängige AG auch zu Maßnahmen veranlassen, die für die AG nachteilig sind, sofern dies den Belangen des herrschenden oder eines mit ihm verbundenen Unternehmens dient. Auf der anderen Seite besteht die Verpflichtung des Mutterunternehmens, etwaige Verluste der abhängigen Gesellschaft auszugleichen.

Dagegen darf in einem faktischen Konzernverhältnis die Leitungsmacht des herrschenden Unternehmens nicht zum Nachteil einer abhängigen AG ausgeübt werden, es sei denn, dass der Nachteil anderweitig ausgeglichen wird. Tochterunternehmen anderer Rechtsform dürfen nicht in ihrer Existenz gefährdet werden.

5.2 Konzernleitung

Die Konzernführung obliegt dem Vorstand des Mutterunternehmens (= **Konzernvorstand**). Sie berechtigt dessen Vorsitzenden, den hoch geschätzten Titel „Konzernchef" zu führen. Was er sich sonst noch leisten kann und was er ertragen muss, hängt vom Konzernverhältnis, vom Aufsichtsrat des Mutterunternehmens und von der wirtschaftlichen Bedeutung der einzelnen Konzernunternehmen ab.

Im Vergleich zur Führung eines Unternehmens, die aus sachlichen oder personellen Gründen kompliziert sein kann, wird die Konzernführung zusätzlich durch die rechtliche Selbstständigkeit der Konzernunternehmen signifikant erschwert. Der Konzernvorstand muss die nicht immer deckungsgleichen Interessen (1) des Mutterunternehmens, (2) der einzelnen Tochterunternehmen und (3) des Konzerns als unternehmerische Einheit in einen wirtschaftlich vernünftigen Einklang bringen.

---

[94] §§ 311 ff. AktG.

Die **Kunst der Konzernführung** verlangt, dass

- unter Beachtung der rechtlichen Selbstständigkeit der Konzernunternehmen und der rechtlichen Grundlage der Beherrschung (Vertrags- oder faktischer Konzern),
- die Konzernunternehmen wie ein einheitliches Unternehmen geführt und
- die Ressourcen und Potenziale sowie die Chancen und Risiken der Konzernunternehmen unter Ausnutzung von Synergiemöglichkeiten optimal eingesetzt werden.

Dazu bedarf es

- ökonomischer, ökologischer und sozialer Zielsetzungen für den Konzern und seine Unternehmen,
- eine klare und vernünftige Managementstruktur sowie motivierte und teamorientierte Führungskräfte in den Konzernunternehmen,
- einer konzerndurchgängigen Planung, Steuerung und Kontrolle der Tätigkeiten und Entwicklung des Konzerns und seiner Unternehmen,
- eines konzernübergreifenden Risikomanagements und
- einer angemessenen finanziellen Ausstattung und Steuerung des Konzerns und seiner Unternehmen, insbesondere anhand der Cashflows und des einzuhaltenden Verschuldungsgrades.

Im Interesse marktnaher Entscheidungen, optimaler Flexibilität sowie zur Motivation qualifizierter Manager im Konzern sollte sich die Konzernführung auf ihre **„originären" Aufgaben** (vgl. Kapitel D 2.1) konzentrieren und durch ein effizientes Konzerncontrolling und eine Konzernrevision sicherstellen, dass die Aktivitäten der einzelnen Konzernunternehmen im Einklang mit gesetzlichen, vertraglichen und konzerninternen Vorgaben getroffen werden. Dabei können unterschiedliche Marktgepflogenheiten sowie nationale und internationale Konventionen zu beachten sein.

Die Konzernleitung muss das Interesse des Konzerns als Ganzes im Auge haben, wobei im Konfliktfall entsprechend ihrer Verantwortung als Organ der Konzernobergesellschaft deren Interessen vorrangig und angemessen zu berücksichtigen sind.

5.3 Konzernspezifische Überwachung

Der **Aufsichtsrat des konzernleitenden Unternehmens** hat die Konzernleitung zu überwachen. Die Überwachung bezieht sich auf die konzernleitende Geschäftsführung des Vorstands des Mutterunternehmens und ggf. auf die Wahrnehmung von Geschäftsführungs- oder Aufsichtsratsposten bei Tochterunternehmen, soweit diese die Geschäftsführung des Mutterunternehmens tangieren. Die Geschäftsführung der rechtlich selbstständigen Tochterunternehmen, der Einfluss des Mutterunternehmens auf diese Unternehmen und die Wahrung der rechtlichen Grenzen wird von deren Aufsichtsrat überwacht.

5.3.1 Überwachung der Konzernführung

Die Überwachung der Konzernführung sollte der dezentralen Organisations- und Managementstruktur des Konzerns Rechnung tragen, indem die Kompetenzen der Aufsichtsräte des Mutter- und der Tochterunternehmen im Einklang mit der wirtschaftlichen Bedeutung der Konzernunternehmen hierarchisch abgestuft werden, sodass Überschneidungen und Überwachungslücken vermieden oder reduziert werden.

Der Aufsichtsrat des konzernleitenden Unternehmens muss sich davon überzeugen, dass die Konzernführung

– über ein wirksames und zeitgemäßes **Steuerungs- und Überwachungssystem** verfügt, das sämtliche Konzernunternehmen einschließt und Fehlentwicklungen rasch lokalisieren lässt,
– notwendige Korrekturmaßnahmen veranlasst und ihre Umsetzung verfolgt,
– die wirtschaftlichen Auswirkungen und mögliche Rechtsfolgen der Einflussnahme der Konzernleitung auf die Konzernunternehmen aktuell dokumentiert und
– ein wirksames Frühwarnsystem installiert hat, das Risiken, die den Fortbestand und nachhaltigen Erfolg des Konzerns oder der Konzernobergesellschaft gefährden können, rechtzeitig erkennen lässt.

Besonderes Augenmerk ist auf die unterschiedlichen Interessen und den Rechtsschutz der einzelnen Konzernunternehmen zu richten. Zu divergierenden Interessen von Mutter- und Tochterunternehmen kann es z.b. kommen, wenn die Konzernleitung den Geschäftsbereich eines Tochterunternehmens verändern, verlegen oder aufgeben möchte oder wenn sie Ressourcen von einem Konzernunternehmen zu einem anderen verlagern will. Derartige Entscheidungen und Maßnahmen, die meist mit strategischen Überlegungen der Konzernspitze begründet werden, müssen die schutzwürdigen Interessen der beteiligten Unternehmen berücksichtigen und ggf. einen Nachteilsausgleich einschließen. Ihre Ausführung bedarf der Zustimmung des Aufsichtsrates des Mutterunternehmens.

Der **Aufsichtsrat der Tochterunternehmen** hat darauf zu achten, dass die Eigeninteressen des Unternehmens gewahrt und etwaige Nachteile ausgeglichen werden.

5.3.2 Konzerntypische Zustimmungsvorbehalte

Die Zustimmungsvorbehalte des Aufsichtsrats des Mutterunternehmens für bestimmte Arten von Geschäften sollten gravierende Geschäfte der Tochterunternehmen einschließen, wenn sie sich wesentlich auf die Vermögens-, Finanz- und Ertragslage des Konzerns oder des Mutterunternehmens auswirken. Die konzernübergreifenden Zustimmungsvorbehalte können entsprechend der dezentralen Verantwortung der Geschäftsführungs- und Überwachungsorgane einen Rahmen vorgeben, innerhalb dessen Geschäftsführung und Aufsichtsrat der Tochterunternehmen autonom entscheiden können.

Konzerntypische Zustimmungsvorbehalte des Aufsichtsrats der Konzernobergesellschaft betreffen:

- Unternehmens- und Konzernpolitik sowie die strategische Ausrichtung des Konzerns und seiner Unternehmen
- Konzernorganisation, Besetzung von Aufsichtsratsmandaten oder von wichtigen Führungspositionen bei bedeutsamen Tochterunternehmen,
- Konzernplanung, Zuordnung von Ressourcen,
- Eintritt in neue und Aufgabe von Geschäftsfeldern, Erwerb, Veräußerung oder Veränderung von Beteiligungen an anderen Unternehmen, Abschluss, Änderung oder Kündigung von Unternehmensverträgen,

- wesentlicher Inhalt von Gesellschaftsverträgen und Geschäftsordnungen namhafter Tochterunternehmen, Grundzüge wichtiger Konzernrichtlinien,
- bedeutsame Investitions- und Desinvestitionsvorhaben der Konzernunternehmen,
- Installation, Veränderung oder Aufgabe von konzerninternen Produktions-, Liefer- und Finanzbeziehungen und bedeutsame Lieferketten,
- wesentliche Geschäfte mit nahestehenden konzernfremden Personen,
- die Bilanz- und Finanzpolitik des Konzerns,
- die Kapitalausstattung und Kreditaufnahmen der Konzernunternehmen,
- Verfahren der Liquiditätssteuerung und -sicherung einschließlich Cash-Management sowie der Absicherung von Zins- und Währungsrisiken.

Kapitel E
ÜBERWACHUNG UND PRÜFUNG DER RECHNUNGS- UND RECHENSCHAFTSLEGUNG

1. Grundlagen der Rechnungslegung 137
2. Bilanzpolitik und -strategie 150
3. Die externe Abschlussprüfung 156
4. Die Abschlussprüfung durch den Aufsichtsrat 163
5. Zwischenberichterstattung 166

Die Rechnungslegung der Unternehmen, vor allem in Form des Jahresabschlusses, dient nicht nur zur regelmäßigen Information über die wirtschaftliche Lage und Entwicklung des Unternehmens, sondern auch zur Rechenschaftslegung der Unternehmensverwaltung gegenüber Aktionären und anderen Stakeholdern. Daher ist ihre Überwachung und Prüfung eine wichtige Aufgabe des Aufsichtsrats. Sie setzt Grundkenntnisse über Wesen und Inhalt der kaufmännischen Buchführung und der Rechnungslegung voraus. Sie ermöglichen die jedem Aufsichtsratsmitglied obliegende Abschlussprüfung (Kapitel E.4) und erleichtern den Dialog mit den Finanzexperten im Aufsichtsrat (Kapitel B.1.2) und mit dem Abschlussprüfer (Kapitel E.3).

1 Grundlagen der Rechnungslegung

Im Mittelpunkt der Rechnungslegung der Unternehmen steht der alljährliche **Jahresabschluss** zum Ende des Geschäftsjahres. Er dient zur

- Darstellung der Vermögens-, Finanz- und Ertragslage des Unternehmens am Bilanzstichtag,
- Ermittlung des Ergebnisses des abgelaufenen Geschäftsjahres (Periodenerfolg) und des ausschüttungsfähigen Gewinns,
- mit Modifikationen zur Ermittlung des steuerlichen Ergebnisses sowie zur
- Rechenschaftslegung der Unternehmensverwaltung gegenüber den Eigentümern, Kreditgebern und anderen Stakeholdern des Unternehmens.

Der Jahresabschluss besteht aus der **Bilanz und GuV** (§ 242 HGB). Kapitalgesellschaften müssen den Abschluss um einen **Anhang** erweitern und durch einen **Lagebericht** ergänzen (§ 264 HGB). Der Jahresabschluss beruht auf den Aufzeichnungen der kaufmännischen Buchführung und auf dem Bestandsverzeichnis der Vermögensgegenstände und Schulden zum Bilanzstichtag (Kapitel E.1.2). Ausweis, Bewertung und Gliederung der Abschlussposten sind hauptsächlich im Handelsgesetzbuch geregelt (§§ 246 ff. HGB).

Die nachfolgenden Erläuterungen sollen in angebrachter knapper Form die kaufmännisch ausgebildeten Aufsichtsratsmitglieder an ihre kaufmännische oder betriebswirtschaftliche Ausbildung erinnern und ihre Kenntnisse auffrischen. Anderweitig vorgebildete Aufsichtsräte sollen sie in die für sie fremde Rechnungslegungswelt einführen.

1.1 Grundsätze ordnungsmäßiger Buchführung

Die gesetzlichen Vorschriften zur Buchführung und Rechnungslegung werden durch die z.T. ungeschriebenen Grundsätze ordnungsmäßiger Buchführung (GoB) ergänzt. Sie dienen zur Auslegung und Ergänzung lückenhafter, unklarer oder mehrdeutiger Rechnungslegungsvorschriften und zur buchmäßigen Behandlung nicht gesetzlich geregelter Tatbestände.

Die GoB sind der Interpretation durch Gesetzgeber, Rechtsprechung, Interessenverbände sowie durch Gelehrte der Betriebswirtschaftslehre und der Jurisprudenz ausgeliefert. Angesichts der vielfältigen Auslegungen handelt der unter Zeitdruck stehende Bilanzaufsteller autonom nach der Maxime, dass die Vermögens-, Finanz- und Ertragslage der Unternehmen in publizierten Jahres- und anderen Abschlüssen möglichst klar und wohlwollend darzustellen sind. Dem Aufsichtsrat bleibt das Nachsehen, ob und inwieweit das legitim ist (Kapitel E.4).

1.1.1 Ansatzgrundsätze

Der Jahresabschluss muss sämtliche Vermögensgegenstände und Schulden sowie alle Aufwendungen und Erträge des Unternehmens enthalten, soweit gesetzlich nichts anderes bestimmt ist (Grundsatz der **Vollständigkeit**). Ansatzwahlrechte sind stetig auszuüben und dürfen nicht willkürlich gewechselt werden (Grundsatz der **Stetigkeit**). Die im gesetzlichen Gliederungsschema genannten Bilanz- und GuV-Posten (§§ 266 und 275 HGB) dürfen nicht miteinander verrechnet werden (**Saldierungsverbot**).

Für den Ansatz der Vermögensgegenstände (= Aktivierung) ist die uneingeschränkte Verfügungsmacht und für die Bilanzierung der Schulden (= Passivierung) die rechtliche oder wirtschaftliche Verpflichtung am Abschlussstichtag maßgeblich (**Stichtagsprinzip**). Aktuelle Erkenntnisse über die Verhältnisse am Bilanzstichtag sind bis zum Zeitpunkt der Bilanzaufstellung zu berücksichtigen.

Aufwendungen und Erträge sind unabhängig vom Zahlungszeitpunkt der Abrechnungsperiode zuzurechnen, in der sie wirtschaftlich verursacht, rechtlich entstanden oder realisiert worden sind (**Periodenabgrenzung**)

1.1.2 Bewertungsgrundsätze

Die Bewertungsgrundsätze ergeben sich aus §§ 262 und 253 HGB.

Vermögengegenstände sind höchstens mit den Anschaffungs- oder Herstellungskosten zu bewerten. Höhere Zeitwerte (z.B. wegen gestiegener Wiederbeschaffungskosten) dürfen nicht angesetzt werden, weil das den Ausweis unrealisierter Gewinne bedeutet (**Anschaffungswertprinzip**).

Man unterscheidet das langfristig nutzbare **Anlagevermögen** und das kurzfristig realisierbare oder einsetzbare Umlaufvermögen. Bei abnutzbaren Anlagegegenständen werden die durch Verschleiß und technische Überalterung verursachten Wertminderungen durch planmäßige **Abschreibungen** der Anschaffungs- oder Herstellungskosten über die voraussichtliche Nutzungsdauer verteilt. Darüber hinausgehende dauerhafte Wertminderungen von Anlagegegenständen sind durch außerplanmäßige Abschreibungen zu berücksichtigen, die rückgängig zu machen sind, wenn und soweit ihr Grund entfallen ist.

Gegenstände des **Umlaufvermögens** sind ggf. auf den niedrigeren beizulegenden Zeitwert am Bilanzstichtag abzuwerten (**Niederstwertprinzip**).

Die **Verbindlichkeiten** sind mit dem Erfüllungsbetrag anzusetzen. Rückstellungen für ungewisse Verbindlichkeiten sind mit dem voraussichtlichen Erfüllungsbetrag zu bewerten. Rückstellungen mit einer Laufzeit von mehr als einem Jahr abzuzinsen.

Vermögensgegenstände und Schulden sind vorsichtig zu bewerten. Der Gesetzgeber hat immer wieder erklärt, dass eine Aufgabe oder Einschränkung des **Vorsichtsgrundsatzes** nicht infrage kommt.[95] Das Prinzip ist wirtschaftlich vernünftig und angemessen zu handhaben.

---

[95] Vgl. z.B. Begründung RegE zum KapAEG, S. 133.

Ein weiterer, in Deutschland hartnäckig verteidigter, aber international verwässerter Grundsatz ist das (strenge) **Realisationsprinzip**. Sein Gebot lautet: Du darfst den Gewinn nicht vor Erfüllung deiner vollen Leistungsverpflichtung vereinnahmen. Dieses Prinzip ist bei ehrgeizigen Top-Managern unbeliebt, weil es den Ausweis von absehbaren Gewinnen verzögert. Daher schätzen sie die internationale Rechnungslegungsgrundsätze (Kapitel E.1.3.3), die einen Gewinnausweis bereits vorsehen, wenn seiner Realisierung keine äußerst widrigen Umstände entgegenstehen.

Obwohl Gleichberechtigung und Gleichbehandlung aktuelle soziale Verhaltensmuster darstellen, gilt im Handelsrecht zum Schutz der Gläubiger der Grundsatz der Ungleichbehandlung von erwarteten Gewinnen und drohenden Verlusten. Nach dem sog. **Imparitätsprinzip** müssen drohende Verluste bilanziert werden, während erwartete Gewinne nicht vor der vollen Erfüllung der Leistungsverpflichtung angesetzt werden dürfen.

Bei der Bewertung der Vermögensgegenstände und Schulden wird unterstellt, dass das bilanzierende Unternehmen fortgeführt wird. Dieses Prinzip der **Unternehmensfortführung** nennt man „*Going Concern Principle*", weil seine Mutmaßung mit „*concern*", d.h. mit der Sorge verbunden ist, dass sich die Fortführungserwartung schneller als gedacht als falsch herausstellt.

Der Grundsatz der **Einzelbewertung** verlangt, dass jeder Vermögensgegenstand und jede Schuld einzeln bewertet werden. Die dadurch vermehrten Buchungen können nur unter engen Voraussetzungen vermieden werden. Gemäß § 254 HGB dürfen Vermögensgegenstände und Schulden (= Grundgeschäfte) zum Ausgleich gegenläufiger Wertänderungen aus dem Eintritt von Risiken mit Finanzinstrumenten (= Sicherungsgeschäfte) zu einer Bewertungseinheit zusammengefasst werden.

Der Grundsatz der **Stetigkeit** besagt nicht nur, dass betriebliche Vermögensgegenstände und Schulden stets zu bilanzieren und zu bewerten sind, sondern verlangt, dass die angewandten Bilanzierungs- und Bewertungsmethoden in den nachfolgenden Abschlüssen beizubehalten sind, wenn nicht ein triftiger Grund den Wechsel rechtfertigt.

1.2 Inventur und Inventar

Zur Verifizierung der in der Buchführung ausgewiesenen Vermögensgegenstände und Schulden muss der Kaufmann einmal jährlich deren Bestände feststellen, d.h. Inventur machen (§ 240 HGB). In seiner Bilanz darf nur das erscheinen, was tatsächlich da ist. Das **Bestandsverzeichnis** oder Inventar bildet neben der Buchführung das Fundament für das Bilanzgebäude.

Wie und wo immer die Dinge liegen, der Kaufmann muss durch mühsames Zählen, Messen und Wiegen seine Vermögens- und Schuldbestände zum Bilanzstichtag möglichst körperlich aufnehmen bzw. aufnehmen lassen.[96] Körperlose (immaterielle) Vermögensgegenstände (z.B. Forderungen, Patente) und Schulden müssen durch Saldenbestätigungen, Urkunden oder ähnlich glaubwürdige Beweismittel belegt werden.

Für **Inventurarbeiten** sind nur Mitarbeiter geeignet, die weiter als bis drei zählen können und außerdem fähig sind, den vorgefundenen Zustand der Gegenstände und Rechte sachgerecht zu beurteilen und schriftlich festzuhalten. Die aufgenommenen Bestände sind nach Menge, Art und Zustand in einem Bestandsverzeichnis oder Inventar zu dokumentieren.[97]

Bisher sind keine Fälle publik geworden, in denen Aufsichtsratsmitglieder als Hilfskräfte, Beobachter oder Überwacher bei der Inventur körperlich anwesend und direkt beteiligt waren. Aus Gründen der Neutralität und zur Vermeidung von Selbstprüfung werden Aufsichtsräte vom betrieblichen Geschehen generell ferngehalten, sodass ihre Anwesenheit bei der Inventur, die vor allem in den Betriebsstätten des Unternehmens stattfindet, nur als Versehen oder Zufall zu erklären wäre. Der Aufsichtsrat muss sich indirekt davon überzeugen, dass die Bestandsaufnahme ordnungsgemäß erfolgt ist.

In der Regel versucht auch der Vorstand, dem Trubel der Bestandsaufnahme fernzubleiben. Er ist mit der Herstellung des vorhergesagten

---

[96] *Missfelder*, Das Körperliche als das einzig Fassbare, München 1987.
[97] *Von Carolsfeld*, Die handwerkliche Kunst der Inventarsien und ihre Blütezeiten, Bamberg 1996.

Jahresergebnisses und mit dem Bilanzmanagement genug beschäftigt (Kapitel E.2.3). Dennoch ist er für die Ordnungsmäßigkeit, Verlässlichkeit und Wirtschaftlichkeit der Inventur verantwortlich.

Um eine Überforderung der mit der Inventur beschäftigten Personen und des laufenden Geschäftsbetriebs zu vermeiden, lässt der Gesetzgeber neben der Bestandsaufnahme am Bilanzstichtag (Stichtagsinventur) vereinfachte **Inventurverfahren** zu.[98] Unter akzeptablen Umständen darf die Inventur auch vor- oder nachverlegt werden. Um die Nadel im Heuhaufen aufzunehmen, genügt eine Stichprobeninventur. Ein anderer Ausweg ist die permanente Inventur, bei der die Bestandsaufnahmen über das Geschäftsjahr verteilt wird und deren Ergebnisse bis zum Bilanzstichtag fortgeschrieben werden.

1.3 Bilanzrecht

Das in Deutschland geltende Bilanzrecht ist hauptsächlich im 3. Buch des Handelsgesetzbuches (HGB) aufgeschrieben **(§§ 242 bis 289 HGB)**. Für Unternehmen, bei denen keine natürliche Person unbeschränkt haftet (= Kapitalgesellschaften, haftungsbeschränkte Personengesellschaften, Genossenschaften), berücksichtigen die HGB-Vorschriften die Richtlinienvorgaben der Europäischen Union (EU)[99], die im Interesse eines einheitlichen europäischen Kapitalmarkts erlassen wurden und werden.

Die Strenge des Gesetzgebers trifft die Unternehmen mit unterschiedlicher Vehemenz. **Einzelkaufleute und Personenhandelsgesellschaften**, die keine großen und haftungsbeschränkten Unternehmen sind, werden vom Gesetzgeber relativ zahm behandelt. Kleinen und mittelgroßen Kapitalgesellschaften werden ebenfalls gewisse Erleichterungen bei der Rechnungslegung zugestanden.[100]

Die volle Wucht der Rechnungslegungsvorschriften zielt auf die großen **Kapitalgesellschaften** sowie auf die ihnen gleich gestellten Personengesellschaften, bei denen keine natürliche Person haftet (sog. Kapital-

---

[98] Zu Einzelheiten siehe § 241 HGB.
[99] EU-Bilanzrichtlinie; 2013/34/EU, ABl L 182/19.
[100] Zur Umschreibung der Größenklassen siehe § 267 HGB.

gesellschaften & Co.). Unternehmen, welche die von ihnen emittierten Wertpapieren dem amtlichen oder geregelten Börsenhandel ausliefern (= kapitalmarktorientierte Unternehmen), werden mit zusätzlichen Anforderungen an die Rechnungslegung gequält und müssen ihren Konzern-Abschluss auf der Grundlage der IFRS aufstellen.

Am härtesten angerührt werden die sog. **Unternehmen von öffentlichem Interesse**. Das sind Unternehmen, die kapitalmarktorientiert i.S.v. § 264d HGB oder Kreditinstitute oder Versicherungsunternehmen sind (§ 316a HGB).

1.3.1 HGB-Rechnungslegung

Die handelsrechtlichen Vorschriften zur Rechnungslegung wollen vor allem jene Leute schützen, die über den Kaufmann herfallen, wenn seine Zahlungen ausfallen. Zum **Schutz der Gläubiger** soll verhindert werden, dass die Unternehmen nicht realisierte Gewinne ausweisen, womöglich versteuern und ausschütten. Die Gliederungsvorschriften für die Bilanz und die GuV sollen eine transparente Rechnungslegung garantieren. Seit 2009 sind allein steuerlich begründete Wertansätze aus den Handelsbilanzen verbannt.[101]

Verantwortlich für die Rechnungslegung der Unternehmen sind ihre gesetzlichen Vertreter, und zwar ohne Rücksicht auf ihre Ausbildung, Ressortverantwortung und persönlichen Neigungen. Die übrigen Unternehmensangehörigen, die nicht unmittelbar mit Buchführung und Rechnungswesen beschäftigt sind, werden bei Bedarf für Rechnungslegungsarbeiten eingesetzt, wie z.B. bei der Inventur, zur Saldenabstimmung mit Kunden und Lieferanten oder zur Mahnung säumiger Schuldner.

Jeder Kaufmann (und damit jedes Unternehmen) muss zu Beginn seines Handelsgewerbes eine **Eröffnungsbilanz** und zum Ende jedes Geschäftsjahres eine stichtags-, oft zufallsbedingte Darstellung der Vermögens-, Finanz- und Ertragslage seines Unternehmens in Form des Jahresabschlusses erstellen. Die Geschäftsvorfälle zwischen den Bilanz-

---

[101] Gesetz zur Modernisierung des Bilanzrechts (BilMoG) vom 25.05.2009.

stichtagen sind laufend in den Büchern zu dokumentieren und zum Bilanzstichtag im Abschluss zusammengedrängt abzubilden.

Der **Jahresabschluss** umfasst die Bilanz und die Gewinn- und Verlustrechnung (GuV) oder Erfolgsrechnung. Grundlagen sind die Buchführung, das Inventar und die Vorschriften zu Ansatz, Bewertung und Gliederung der Abschlussposten. Kapitalgesellschaften müssen den Jahresabschluss um einen Anhang mit weiteren Erläuterungen erweitern und obendrein einen Lagebericht aufstellen. Der Lagebericht soll die durch die GoB möglicherweise verzerrte Abbildung der wirtschaftlichen Lage und Entwicklung des Unternehmens im Jahresabschluss durch zusätzliche Erläuterungen ins rechte Licht rücken.

Diese weitgreifende Finanzberichterstattung, die alle Geschäftsjahre[102] wieder stattfinden muss, ist in den letzten Jahren, insbesondere für kapitalmarktorientierte Unternehmen, durch amplifizierte Dokumentations- und Offenlegungspflichten ausgeweitet worden (Kapitel F), sodass die Rechnungslegung immer stärker zum Hauptzweck der Unternehmen zu werden droht.

1.3.2 Konzern-Rechnungslegung

Mutterunternehmen von Konzernen müssen neben dem Jahresabschluss einen Konzern-Abschluss aufstellen, in dem der Konzern wie ein einheitliches Unternehmen darzustellen ist. Dazu werden die Jahresabschlüsse der einzelnen Konzernunternehmen „konsolidiert" zusammengefasst, d.h., die Auswirkungen der konzerninternen Finanz- und Geschäftsbeziehungen und Geschäftsvorfälle werden eliminiert und die Vermögensgegenstände und Schulden der Konzernunternehmen nach einheitlichen Grundsätzen bilanziert und bewertet.

Die Rechnungslegung von Konzernen richtet sich nach §§ 290–315e HGB. In 1998 wurde – in Anlehnung an internationale Gepflogenheiten – der Deutsche Standardisierungs-Rat (DSR) als Deutsches Rechnungslegungs-Standards Committee (DSRC) etabliert (§ 342 HGB). Das DRSC entwickelt **Deutsche Rechnungslegungs-Standards** (DRS), die mit

---

[102] Ein Geschäftsjahr umfasst maximal zwölf Monate.

ihrer Veröffentlichung im Bundesanzeiger für den HGB-Konzern-Abschluss als Grundsätze ordnungsmäßiger Konzern-Rechnungslegung gelten. Von den DRS darf abgewichen werden, wenn dies durch die Grundsätze ordnungsmäßiger Buchführung begründet ist.

Der **Konzern-Abschluss** umfasst neben Konzern-Bilanz, Konzern-GuV und Konzern-Anhang eine Kapitalflussrechnung und eine Eigenkapital-Veränderungsrechnung und kann um eine Segmentberichterstattung erweitert werden (§ 297 Abs. 1 HGB). Hinzukommt die Aufstellung eines Konzern-Lageberichts. Im Konzern-Abschluss werden die Konzernunternehmen wie ein einheitliches Unternehmen dargestellt. Konzerninterne Vorgänge werden eliminiert.

Zur Kapitalflussrechnung siehe Kapitel D.3.3. Die Eigenkapitalveränderungsrechnung oder der Eigenkapitalspiegel zeigt die erfolgswirksamen und erfolgsneutralen Veränderungen der Eigenkapitalposten (Gezeichnetes Kapital, Rücklagen und Gewinn- oder Verlustvortrag), z.B. durch Ausgabe von Aktien, Kapitalerhöhungen, Einzahlung ausstehender Einlagen oder Gewinne abzüglich Ausschüttungen.

1.3.3 Internationale Rechnungslegungsstandards

Kapitalmarktorientierte Unternehmen müssen gemäß der Europäischen IAS-Verordnung vom 19. Juli 2002 den Konzern-Abschluss auf der Grundlage der *International Financial Reporting Standards* (**IFRS**) aufstellen, die vom *International Accounting Standards Board* (IASB) entwickelt und veröffentlicht werden. Maßgeblich sind die von der EU akzeptierten IFRS (§ 315e HGB). Die IFRS-Rechnungslegung ist zur Vermeidung von gesellschafts- und steuerrechtlichen Komplikationen nur für die Rechnungslegung von Konzernen vorgeschrieben.

Der IASB versteht sich als internationaler Standardsetzer und behauptet hartnäckig, prinzipienorientierte Standards zu entwickeln. Hauptmerkmal der internationalen Rechnungslegungsstandards ist ihre unübersichtliche Vielfalt. Den Übergang vom HGB zur internationalen Rechnungslegung kann man sich am besten wie die Umstellung von natürlicher zu künstlicher Ernährung vorstellen: anomal und ständig am Tropf.[103]

---

[103] *Prallweiser*, IAS als Konvergenzplattform der Rechnungslegung in Europa und Umgebung, 2. Auflage 2005, Berlin.

Gegenstand der Standardisierung sind die Bilanzierung und Bewertung von Vermögenswerten[104] und Schulden sowie die ergebnismäßige Verwurstung aller Geschäftsvorfälle und Sachverhalte, die sich weltentrückte In- und Outsider als bilanzverdächtig vorstellen können.

Die IFRS schützen das **Informationsinteresse der Investoren** vor, um geheiligte Bilanzierungsgrundsätze über Bord zu werfen und einen *„True and Fair View"* im Abschluss zu vermitteln. Was das bedeutet, konnte bis heute nicht allgemeinverständlich erklärt werden. Die Experten sind sich aber einig, dass es auf die vollständige Anwendung der einschlägigen Standards ankommt – egal, was dabei herauskommt.

Der *Fair Value* spielt bei der Bewertung der Vermögenswerte und Schulden eine dominante Rolle. Er ist nicht als „fairer Wert", sondern als „Marktwert" zu übersetzen. Das HGB spricht weniger charmant vom „beizulegenden Zeitwert".[105] Der *Fair Value* kann oder ist in bestimmten Fällen in einer IFRS-Bilanz auch anzusetzen, wenn er über den fortgeführten Anschaffungs- oder Herstellungskosten liegt.

1.4 Der Rechnungslegungsprozess

Mit „Rechnungslegungsprozess" ist nicht die gerichtliche Auseinandersetzung über die Entblößung der Unternehmenslage gemeint, sondern der **Reifevorgang** der Rechnungslegung von der Befruchtung durch die zu dokumentierenden Geschäftsvorfälle und der Schwangerschaft der Rechnungsleger über die Sturzgeburt des Jahres- oder Konzern-Abschlusses bis zu dessen Abnabelung durch den Aufsichtsrat.

Bei Unternehmen von öffentlichem Interesse muss der obligatorische Prüfungsausschuss des Aufsichtsrats (Kapitel B 5.4.4) die embryonale Entwicklung der Rechnungslegung und die Molesten der in guter Hoffnung befindlichen Rechnungsleger hautnah begleiten. Doch auch der Aufsichtsratsvorsitzende und die Finanzexperten des Aufsichtsrats sollten sich gelegentlich nach dem Fortgang des Rechnungslegungsprozesses erkundigen, um bei der Geburt des Abschlusses nicht völlig überrascht zu werden.

---

[104] Die IFRS bezeichnen Vermögensgegenstände als „Vermögenswerte".
[105] § 255 Abs. 4 HGB.

Die **Schwangerschaft** der Rechnungsleger dauert ein Geschäftsjahr, i.d.R. also zwölf Monate. Sie wird vor allem von geschäftlichen Ereignissen geprägt, die das Unternehmen zeitnah dokumentieren muss. Komplikationen der Schwangerschaft oder Entbindung treten auf, wenn das stets optimistische Top-Management plötzlich merkt, dass die von ihm prognostizierten Gewinne weit verfehlt werden und sich gar in nicht erwartete Verluste erheblichen Ausmaßes verwandelt haben – ein Tatbestand, den an der Front stehende Unternehmensangehörige wesentlich früher erkennen als die in der Etappe stationierten Vorstands- und Aufsichtsratsmitglieder.

Die in diesem Fall einsetzende hektische Suche nach Ergebnisverbesserungen und die Appelle an das Mitgefühl des Abschlussprüfers gehören ebenso zum Rechnungslegungsprozess wie eine penibel auszuführende Korrektur der Inventurlisten, die mühselige Suche nach oder Anfertigung von Belegen und die resignierende Feststellung des Jahresabschlusses.

Die stichtagsbezogene **Geburt des Abschlusses** kann je nach Lage oder Schieflage des Unternehmens leicht oder kompliziert sein.[106]

Die **Nachgeburt des Lageberichts** soll Geburtsfehler des Abschlusses mildern. Während der Jahresabschluss eine relativ monotone Gegenüberstellung von Vermögensgegenständen und Schulden (Bilanz) bzw. von Erträgen und Aufwendungen (GuV) ist, die im Anhang durch Details fortgesetzt werden, ist der Lagebericht seine schöpferische Ergänzung. Er muss unter Beachtung des unbarmherzigen Bilanzergebnisses vom Vorstand mit Feingefühl, Optimismus und Formulierungsgeschick artikuliert werden, um ein hoffnungsvolles Gesamtbild des Unternehmens darzustellen.

Der Lagebericht soll die Abbildung der Lage und Entwicklung des Unternehmens den tatsächlichen Verhältnissen entsprechend gerade und ins rechte Licht rücken, indem der Vorstand den Abschluss der Komplexität der Geschäftstätigkeit gemäß analysiert. Außerdem muss sich

---

[106] Vgl. *Beckenbauer/Drängler*, Steißlage und Kaiserschnitt bei der Geburt des Jahresabschlusses. München 2013.

der Vorstand im Lagebericht zur voraussichtlichen Entwicklung des Unternehmens und ihren wesentlichen Chancen und Risiken äußern, allerdings mit der Schikane, dass die zugrunde liegenden Annahmen anzugeben sind.

Weitere Angaben im Lagebericht betreffen die Ziele und Methoden des Risikomanagements, den Einsatz von Finanzinstrumenten zur Absicherung wichtiger Transaktionen sowie die Aufzählung von Preisänderungs-, Ausfall- und Liquiditätsrisiken und von Risiken aus Schwankungen des Cashflows, sofern diese für die Beurteilung der Lage und Entwicklung der Gesellschaft von Belang sind.

Wichtige Teile des Rechnungslegungsprozesses sind die **Prüfung** von Abschluss und Lagebericht durch den Abschlussprüfer und den Aufsichtsrat (Kapitel E.3 und E.4). Der Rechnungslegungsprozess wird mit der Offenlegung des bis dahin geheim gehaltenen Abschlusses und Lageberichts abgeschlossen.

Die Präsentation von Abschluss und Lagebericht wird getoppt durch den **Geschäftsbericht** börsennotierter und anderer Unternehmen. Darin werden Abschluss und Lagebericht durch illustrierte Tätigkeitsberichte der einzelnen Vorstandsbereiche aufgelockert und verklärt. Die Highlights der einzelnen Vorstandsbereiche relativieren die nüchterne und manchmal deprimierende Darstellung in Abschluss und Lagebericht.

1.5　Bilanzeid

Die gesetzlichen Vertreter von Kapitalgesellschaften, die als Inlandsemittent Wertpapiere begeben haben, müssen öffentlich einen sog. Bilanzeid leisten, indem sie in einer dem Abschluss und Lagebericht beizufügenden Erklärung versichern, dass nach bestem Wissen

- der Jahresabschluss ein den tatsächlichen Verhältnissen entsprechende Bild vermittelt und
- im Lagebericht der Geschäftsverlauf und die Lage der Gesellschaft so dargestellt sind, dass ein den tatsächlichen Verhältnissen entsprechen-

des Bild dargestellt wird und die wesentlichen Chancen und Risiken zutreffend beschrieben sind.

Der Vorstand eines Mutterunternehmens hat die gleichen Erklärungen für den Konzern-Abschluss und Konzern-Lagebericht abzugeben.[107]

Herausforderung und Bedeutung des Bilanzeids werden dadurch unterstrichen, dass eine unrichtige Versicherung einen Straftatbestand darstellt, der auch bei Fahrlässigkeit geahndet wird (§ 331a HGB).

1.6 Digitalisierung

Gravierende Auswirkungen auf die Rechnungslegung erwachsen aus der rasch fortschreitenden Digitalisierung. Seit 2020 müssen die Finanzberichte börsennotierter Unternehmen in einem europaeinheitlichen elektronischen Berichtsformat in der *Extensible Hypertext Markup Language* (XHMTL) online veröffentlicht werden.[108]

Vorstände und Aufsichtsräte müssen lernen, mit dem rein visuellen Kontakt zu ihren Gesprächspartnern und mit der Dauerberieselung von elektronischen Daten und Dialogen umzugehen. Die Beschäftigung mit dem Smartphone, die bisher spannungslose Aufsichtsratssitzungen erträglich machte, wird nicht ausreichen, wenn künftig alle Daten, Fragen und Antworten nur noch elektronisch mitgeteilt und ausgetauscht werden. Ältere Herrschaften müssen die mühsam erworbenen Kenntnisse zur Fernbedienung des Fernsehers gewaltig erweitern.

---

[107] §§ 264 Abs. 2 Satz 3 und § 289 Abs. 1 Satz 5 bzw. §§ 297 Abs. 2 Satz 4 und § 315 Abs. 1 Satz 3 HGB.
[108] Finaler Standardentwurf der Europäischen Wertpapier- und Marktaufsicht (ESMA).

2 Bilanzpolitik und -strategie

Die **Vermögens-, Finanz- und Ertragslage** eines Unternehmens wird wesentlich bestimmt von seinem Geschäftsmodell und seinen Geschäften, von der Rechtsform und Größe des Unternehmens sowie von der Ausstattung mit Know-how, Sach- und Finanzmitteln. Diese Aspekte beeinflussen die Vermögens-, Finanz- und Erfolgsstruktur sowie die wesentlichen Kennzahlen zur Beurteilung von Fortbestand und wirtschaftlicher Entwicklung des Unternehmens.

2.1 Bilanzpolitik

Das Primat der Rechnungslegung für Unternehmen aller Größen und Rechtsformen wird bisher nur von den Normengebern (Gesetzgeber, Standardsetzer), den Bilanzkontrolleuren (Abschlussprüfer, *Enforcer*) und von bilanzfesten Hochschullehrern uneingeschränkt bejaht. Die Praxis folgt dem nur zögernd, obwohl viel darauf hindeutet, dass die Rechnungslegung die unternehmerische Kreativität mehr beflügelt als so banale Probleme wie Zahlungs- oder Ertragsschwierigkeiten des Unternehmens.

Mit „Bilanzpolitik" bezeichnet man die **zielbewusste Verschönerung** der im Jahres- oder Konzern-Abschluss abgebildeten Vermögens-, Finanz- und Ertragslage unter Beachtung des Bilanzrechts. Diese permanente Herausforderung für das Top-Management darf der Aufsichtsrat nicht aus dem Auge verlieren. Der umsichtige Bilanzpolitiker begnügt sich nicht mit der Bilanz, sondern befasst sich ungehemmt auch mit der GuV und dem Anhang und scheut nicht vor dem Lagebericht zurück.

Nach dem **bilanzpolitischen Imparitätsprinzip** streben die gesetzlichen Vertreter gesunder und rentabler Unternehmen einen eher reduzierten Gewinnausweis an, um (stille) Reserven zum Ausgleich künftiger Minder- oder Misserfolge zu schaffen oder um Gewinnausschüttungen zur Kapitalerhaltung zu begrenzen. Demgegenüber wollen Top-Manager ertragsschwacher oder unrentabler Unternehmen möglichst gute Ergebnisse präsentieren, um aufkommende Zweifel an der

Unternehmensfortführung zu dämpfen.[109] Schwierig wird es, wenn aktivistische Investoren ungerührt von konjunkturellen Schwankungen, weltpolitischen Umbrüchen und anderen Katastrophen erwarten, dass das Unternehmen in jedem Geschäftsjahr einen höheren Gewinn als in der vorhergehenden Abrechnungsperiode erzielt.

Die bisher veröffentlichten Fachbücher über Bilanzpolitik leiden unter dem Versuch eines sachbezogenen Ansatzes.[110] Danach dient die Bilanzpolitik zur Sicherung oder Verbesserung der Kapitalausstattung oder der Liquidität des Unternehmens, zur Minimierung oder Optimierung der Steueraufwendungen sowie zur angemessenen Bemessung unvermeidbarer Gewinnausschüttungen. Aus Sicht eines Spitzenmanagers[111] dient die Bilanzpolitik vor allem zur fortwährenden Steigerung des Ansehens der Unternehmensleitung sowie zur Motivation und Beruhigung finanzstarker Kapitalgeber.

Top-Managern erschließt sich mit der Bilanzpolitik ein **reizvolles Tätigkeitsfeld**. Sie hilft ihnen, an sich selbst und an ihre Gewinnprognosen zu glauben. Der bilanzpolitisch optimierte Jahres- oder Konzern-Abschluss soll gegenüber den Adressaten (Aufsichtsräte, Wirtschaftspresse, Investoren und anderen Stakeholder) Führungskompetenz und Fortüne der Top-Manager ausstrahlen.[112]

Wenn voreingenommene Analysten behaupten, dass es bei der Bilanzpolitik allein um den Nimbus des Spitzenmanagers geht, wird ihnen dieser souverän ein entschlossenes „Na und?" entgegensetzen. Ohne den Einfluss erfolgsorientierter Spitzenmanager würde die Rechnungslegung der Unternehmen in der illusionsfreien Realität nackter Zahlen versinken.[113]

---

[109] „Gut gerechnete Bilanzen haben gute, schlecht gerechnete Bilanzen haben dagegen schlechte Kapitalversorgung zur Folge." *Schmalenbach*, Zur Reform der Aktienbilanz, in ZfhF 1927. S. 51.
[110] Vgl. u.a. *Packmohr*, Bilanzpolitik und Bilanzmanagement, Köln 1984.
[111] *Von Pech*, Der fehlende Marketingaspekt bei herkömmlicher Bilanzierung, Hamburg 1984.
[112] *Schrollmacher*, Selbstzeugnisse des Managements zur Aufhellung düsterer Aussichten, Frankfurt 2008.
[113] *Zobel*, Die tatsächliche Geschäftsentwicklung als Kontraindikation vernünftiger Bilanzierung. Frankfurt 2004; siehe auch *Knobloch*, Debilitätenbuchhaltung, Wiesbaden 2006.

Im Interesse einer friedfertigen Kooperation von Vorstand, Aufsichtsrat und Abschlussprüfer sollte der Aufsichtsrat den von ihm zu überwachenden Bilanzpolitiker dazu anhalten, dass er folgende Grundsätze beachtet.

- Bilanzpolitische Maßnahmen dürfen dem Wortlaut der gesetzlichen Rechnungslegungsvorschriften nicht offensichtlich widersprechen (Grundsatz der Mäßigung).
- Es ist darauf zu achten, dass in der Bilanz die Summe der Aktiva der Summe der Passiva entspricht (Grundsatz der Ausgewogenheit).
- Übersteigen die unvermeidlichen Verluste das Grundkapital und die Rücklagen, sind sie als aktiviertes Eigenkapital zu deklarieren (Grundsatz der Klarheit).[114]
- Hektische Ausschläge des Jahresergebnisses, die durch tatsächliche Entwicklungen bedingt sind, dürfen nur durch zulässige Änderungen der angewandten Bewertungsmethoden ausgeglichen werden (Grundsatz der Methodenbestimmtheit). Das sollte auch im Wiederholungsfall gelten (Grundsatz der Willkürfreiheit).

2.2 Bilanzstrategie

Bilanzstrategie ist die langfristige Ausrichtung der Bilanzpolitik, die jedoch kurzfristige Anpassungen oder Änderungen von Bilanzierung und Bewertung nicht ausschließen darf.[115] Sie geht von dem Grundsatz aus, dass die Entwicklung der Unternehmung im Jahresabschluss nicht so tragisch dargestellt werden sollte, wie sie tatsächlich ist.

Um größere Diskrepanzen zwischen Soll und Ist elegant zu vermindern, wurde von engagierten Bilanzstrategen der Grundsatz: „Risiko jetzt, Aufwand später" entwickelt.[116] Unterschreitet der Gewinnausweis die unternehmenspolitisch für nötig erachtete Höhe, werden notwendige Wertberichtigungen oder Rückstellungen, die ohnehin mit Schätzungsunsicherheiten behaftet sind, nur mit einem Bruchteil ihres

---

[114] § 266 Abs. 2 Buchst. E HGB.
[115] Vgl. *Fussan*, Strategie und Taktik der Bilanzierung, München 1976, S. 26.
[116] *Haeberlin*, Das retardierende Moment im unternehmerischen Drama, Düsseldorf 1984.

wahrscheinlichen Wertes in den Jahresabschluss eingestellt. Der Fachmann spricht von „**Kummerausgleichsposten**".[117]

Der Haken ist, dass der Abschlussprüfer den Kummerausgleichsposten (KAP) akzeptieren muss. Optimisten gehen davon aus, dass ein KAP mit 30 % der an sich notwendigen Wertberichtigungen oder Rückstellungen bei gutem Willen des Abschussprüfers toleriert wird.[118] Können dem Abschlussprüfer plausibel präparierte Unternehmenspläne und Besserungsaussichten präsentiert werden, liegt eine Reduzierung des KAP bis zu 1 € im Rahmen der berufsüblichen Zugeständnisse.

Der Kummerausgleichsposten ist eine Verneigung vor dem Großmut oder dem großen Mut des Abschlussprüfers. Dieses bilanzstrategische Sedativum muss durch vorsichtig dosierte Informationen aufbereitet und sollte nicht auf nüchternen Magen geschluckt werden. Die Anwendung sollte pro Jahresabschluss drei schwerwiegende Anlässe nicht übersteigen. Schädliche Nebenwirkungen konnten nur in Einzelfällen beobachtet werden; im Extremfall war ein Wechsel des Abschlussprüfers notwendig.

Der Kummerausgleichsposten ist im gesamten Bundesgebiet verbreitet und ist auch im Ausland in nicht geringem Umfang vertreten. Selbst im fernen Osten, z.B. Singapur, konnten Kummerausgleichsposten gesichtet werden. Die in der anglo-amerikanischen Rechnungslegung als „*Sorrow Softener*" (SoSo) bekannte Erscheinung ist allerdings noch wenig systematisch erforscht worden.[119]

2.3 Professionelles Bilanzmanagement

Wie jedes großartige Entertainment muss auch die Rechnungslegung gemanagt werden. Wesentlicher Bestandteil des Bilanzmanagements ist eine **Top-Management-adäquate Gestaltung** von Abschluss und Lagebericht, mit der etwaige Schattenseiten der Unternehmensentwicklung aufgehellt werden.

---

[117] In der Schweiz spricht man vom „Kümmerpöstli", während sich in Österreich die Bezeichnung „Risiko-Observanz-Posten" durchgesetzt hat. – Vgl. *Blattschuß*. Die zielkongruente Verschwendung des Aufwandüberschusses, Ludwigshafen 2005.
[118] Zum reichhaltigen Instrumentarium der retardierenden Bilanzpolitik siehe *Pfeffer*, Die unendliche Abschreibungsdauer als bilanzwirksam Lösung, Freiburg, 2. Auflage 2004.
[119] Vgl. dazu D*ietel*, Kosmetische Eingriffe in die Bilanzierung, Hamburg, 4. erweiterte Aufl. 1985.

Das Bilanzmanagement ist stark gefordert, wenn öffentlich vorhergesagte Geschäftserfolge weit verfehlt werden. Obwohl Bilanzergebnisse generell durch Zufälligkeiten geprägt sind und sich selten genauer abschätzen lassen, werden sie regelmäßig von selbstbewussten Spitzenmanagern weit vor Ablauf des Geschäftsjahres öffentlich angekündigt. Danach fiebern alle Organmitglieder und andere engagierte Unternehmensangehörige diesem Jahresergebnis entgegen.

Bildhaft lässt sich das **Bilanzmanagement einer Aktiengesellschaft** bei einigermaßen ruhigem, wenn auch diffusem Wetter wie folgt beschreiben

1. Nachtwache
   – Öffentliche Vorhersage des Jahresergebnisses durch den Vorstandsvorsitzenden vor Beginn des laufenden Geschäftsjahres; Verfolgung der tatsächlichen Ergebnisse durch Controller, Mahnungen zur Zielerreichung
2. Dämmerung
   – kurz vor Ende des Geschäftsjahres: optimistischer Ausblick auf den Jahresabschluss mit unauffälligen Korrekturen der Vorhersage, Zurückhaltung bei etwaigen Enttäuschungen;
3. Morgengrauen
   – Entwurf des Jahresabschlusses durch das Rechnungswesen, Bestürzung des Finanzvorstands,
   – Vorlage des Entwurfs an den Vorstand; Verwirrung des Vorstandes, insbesondere beim Vorsitzenden; nervöses Zucken beim Finanzvorstand;
   – fieberhafte Suche nach Möglichkeiten zur Annäherung der vorläufigen Abschlusszahlen an die Ergebnisprognose des Vorstandsvorsitzenden; Nervenzusammenbruch des Finanzvorstands möglich;
4. Morgenröte
   – nach bestmöglicher Anpassung an die Vorhersage: verbesserter Erfolgsausweis mit begleitender Aufhellung der künftigen Entwicklung, Beschwichtigung oder Begeisterung des Vorstandsvorsitzenden; Resignation des loyalen Finanzvorstands;
5. Frühnebel
   – Andeutungen des Jahresergebnisses gegenüber dem Prüfungsausschuss und dem Vorsitzenden des Aufsichtsrats, um späterem Schaudern vorzubeugen;

6. Sonnenaufgang
   - Formulierung des Lageberichts unter Federführung des Vorstandsvorsitzenden im optimistischen Grundton und mit Hinweis auf glorreiche Zukunftsperspektiven;
7. Schauer
   - Vorlage erster Teile des vorläufigen Abschlusses an den Abschlussprüfer; Beginn der Prüfung durch den Abschlussprüfer, schrittweise Erstellung des Prüfungsberichts;
8. Schwüle und mögliche Aufheiterung
   - Schlussbesprechung zwischen Vorstand und Abschlussprüfer, Ringkampf um zutreffende oder wohlwollende Formulierungen im Prüfungsbericht und um Kompromissbereitschaft beim Bestätigungsvermerk;
   - Fertigstellung des Prüfungsberichts und Übergabe oder Versendung an das Unternehmen in gewünschter Anzahl;
9. Wetterleuchten
   - Vorlage des geprüften Abschlusses und Lageberichts sowie des Prüfungsberichts des Abschlussprüfers an den Aufsichtsrat bzw. an seine Mitglieder; Beginn der individuellen Abschlussprüfung im Homeoffice durch mehr oder weniger scharfe Blicke in den Prüfungsbericht des Abschlussprüfers;
   - Bilanzsitzung des Aufsichtsrats: Vortrag und Befragung des Abschlussprüfers und – soweit anwesend – des Vorstands, Beschluss des Aufsichtsrats über die Billigung von Abschluss und Lagebericht und damit i.d.R. Feststellung des Jahresabschlusses;
10. Abendwind
    - Vorlage von Abschluss und Lagebericht sowie von Prüfungs- und Tätigkeitsbericht des Aufsichtsrats an die Hauptversammlung (i.d.R. in Form des Geschäftsberichts);
    - in Abstimmung mit dem Aufsichtsratsvorsitzenden besänftigende Vorgespräche des Vorstands mit maßgeblichen kritischen Aktionären und *Influencern*;
    - Aufklärung und Beruhigung der übrigen Aktionäre in der Hauptversammlung;
    - Entlastung von Vorstand und Aufsichtsrat in der Hauptversammlung.

3 Die externe Abschlussprüfung

Jahresabschluss und Lagebericht sowie Konzern-Abschluss und Konzern-Lagebericht von großen und mittelgroßen Kapitalgesellschaften (§ 267 HGB) sowie von haftungsbeschränkten Personenunternehmen (§ 264a HGB)[120] sind von einem externen Abschlussprüfer zu prüfen. Abschlussprüfer von Aktiengesellschaften und großen Kapitalgesellschaften können nur Wirtschaftsprüfer oder Wirtschaftsprüfungsgesellschaften sein. Bei mittelgroßen GmbHs und haftungsbeschränkten Personengesellschaften können auch vereidigte Buchprüfer oder Buchprüfungsgesellschaften die Abschlussprüfung ausführen (§ 319 HGB).

3.1 Prüfungsauftrag und -umfang

Der externe Abschlussprüfer wird von den Eigentümern des zu prüfenden Unternehmens gewählt. Wenn die Unternehmensverwaltung, wie bei der AG, durch einen Aufsichtsrat erschwert wird, hat dieser der Hauptversammlung oder den Gesellschaftern einen Abschlussprüfer zur Wahl vorzuschlagen. Die Hauptversammlung ist an den Vorschlag nicht gebunden, folgt ihm aber i.d.R. Dem gewählten Abschlussprüfer erteilt der Aufsichtsrat den Prüfungsauftrag. Bei Unternehmen ohne Aufsichtsrat tut dies die Geschäftsführung.

3.1.1 Gesetzlicher Prüfungsumfang

Der gesetzliche Umfang der Abschlussprüfung ergibt sich aus § 317 HGB. Der Abschlussprüfer hat die **Recht- und Ordnungsmäßigkeit** des Jahres- bzw. Konzern-Abschlusses und zusätzlich zu prüfen, ob die Vermögens-, Finanz- und Ertragslage des Unternehmens bzw. Konzerns sowie die Risiken seiner künftigen Entwicklung im Lagebericht zutreffend dargestellt sind. Der Hauptrisikofaktor des Unternehmens, nämlich das Top-Management,[121] wird in die Risikobeurteilung nicht einbezogen.

---

[120] Das sind Unternehmen, die zwei der folgenden Größe überschreiten. Bilanzsumme von mehr als 6 Mio. €, Umsatzerlöse von mehr als 12 Mio. € und mehr als 50 Arbeitnehmern. Zu den Größenklassen siehe § 267 HGB.
[121] Siehe hierzu *Hakelmacher*, KonTraGproduktive Wirtschaftsprüfung, WPg 1999, S. 136.

Bei börsennotierten Aktiengesellschaften muss der Abschlussprüfer zusätzlich prüfen, ob der Vorstand geeignete Maßnahmen getroffen hat, damit den Fortbestand der Gesellschaft gefährdende Entwicklungen frühzeitig erkannt werden und ob das eingerichtete **Überwachungssystem** geeignet ist, seine Aufgaben zu erfüllen (§ 317 Abs. 4 HGB).

Soweit nicht anders bestimmt, erstreckt sich die Abschlussprüfung nicht darauf, ob der Fortbestand des Unternehmens oder die Wirksamkeit und Wirtschaftlichkeit der Geschäftsführung zugesichert werden kann (§ 317 Abs. 4a HGB). Diese seit jeher unerfüllten Erwartungen der Abschlussadressaten haben zu der Erwartungslücke geführt, gegen die sich der Abschlussprüfer immer wieder wehren muss.

Bei der Prüfung des **Konzern-Abschlusses** sind auch die darin zusammengefassten Einzelabschlüsse der Konzern-Unternehmen, insbesondere die konsolidierungsbedingten Anpassungen, zu prüfen (§ 317 Abs. 3 HGB). Soweit vorhanden, kann der Konzern-Abschlussprüfer auf die Prüfungsberichte für die Jahresabschlüsse der Konzern-Unternehmen zurückgreifen.

3.1.2 Erweiterung des Prüfungsauftrags

Gesetzlich vorgeschriebene Erweiterungen der Abschlussprüfung sind die Prüfung der **Ordnungsmäßigkeit der Geschäftsführung** von Unternehmen der öffentlichen Hand und von Genossenschaften, die branchenmäßige Vorgaben für Kreditinstitute und Versicherungsunternehmen und bei abhängigen Aktiengesellschaften die Prüfung des Abhängigkeitsberichts (Kapitel F.1.1).

Der Aufsichtsrat kann den **Prüfungsauftrag** des Abschlussprüfers erweitern, soweit dadurch nicht die Funktion und Abwicklung der Abschlussprüfung beeinträchtigt wird. Die Erweiterung darf keine Tätigkeiten umfassen, die mit der Unabhängigkeit und Neutralität des Abschlussprüfers nicht vereinbar sind. Bei Unternehmen von öffentlichem Interesse darf der Abschlussprüfer keine Nichtprüfungsleistungen erbringen.[122] Verboten sind dementsprechend u.a. Steuerberatungs- und andere Beratungsleistungen des Abschlussprüfers.

---

[122] Art. 5 der Europäischen Abschlussprüfer-Verordnung.

Zur Unterstützung des Aufsichtsrats sind aus Anlass oder in bestimmten zeitlichen Abständen bspw. folgende **Prüfungsleistungen** des Abschlussprüfers naheliegend und statthaft: Prüfung der

- Ordnungsmäßigkeit und Funktionsfähigkeit der Berichterstattung des Vorstands an den Aufsichtsrat;
- Systematik und Verlässlichkeit der Unternehmensplanung;
- ordnungsmäßigen Abwicklung großer Investitionsprojekte;
- Angemessenheit der Gegenleistung beim Erwerb oder bei der Veräußerung von Beteiligungen an anderen Unternehmen oder von wesentlichen Unternehmensteilen.

Der Aufsichtsrat soll mit dem Abschlussprüfer vereinbaren, dass er ihn über alle für die Überwachungsaufgabe des Aufsichtsrats relevanten wesentlichen Feststellungen und Vorkommnisse unverzüglich unterrichtet, die sich bei der Durchführung der Abschlussprüfung ergeben (= **überwachungsrelevante Feststellungen**).[123] Der Abschlussprüfer sollte ebenfalls berichten, wenn er Tatsachen feststellt, die eine Unrichtigkeit der Erklärung zur Unternehmensführung oder der nichtfinanziellen Erklärung (Kapitel F.2 und 3) beinhalten. Schließlich sollte dem Abschlussprüfer aufgegeben werden, dass er über wesentliche verlustbringende, risikoreiche oder nicht ordnungsmäßig abgewickelte Geschäftsvorfälle und über schwerwiegende Fehldispositionen berichtet.

3.2 Berichterstattung des Abschlussprüfers

Der Abschlussprüfer hat über seine Tätigkeit schriftlich zu berichten. Der Prüfungsbericht ist nach dem Bestätigungsvermerk oder Testat das Wertvollste, was der Abschlussprüfer zu bieten vermag. Seine Aufmachung und sein Umfang sollten edel und dem Prüfungshonorar angemessen sein.

Der Prüfungsbericht des Abschlussprüfers entsteht in mehreren Schritten zunehmender Vollendung, die mit dem Bestätigungsvermerk abgeschlossen wird, mit dem der Abschlussprüfer die Recht- und Ordnungsmäßigkeit von Buchführung, Jahresabschluss und Lagebericht

---

[123] DCGK, D.9.

bescheinigt. Wenn das Testat nicht eingeschränkt oder verweigert wird (§ 322 HGB), wird es als Garantie verstanden, dass die Fortführung des geprüften Unternehmens zumindest bis zur nachfolgenden ordentlichen Gesellschafter- oder Hauptversammlung angenommen werden kann.

3.2.1 Anforderungen an den Prüfungsbericht

Nach § 321 HGB hat der Abschlussprüfer über das Ergebnis seiner Prüfung schriftlich und mit der gebotenen Klarheit zu berichten. Die geforderte Sorgfalt beginnt mit der präzisen Angabe des Bilanzstichtages (Tag, Monat, Jahr) und endet mit dem exakten Datum des Bestätigungsvermerks. Ein wichtiges Gestaltungselement des Prüfungsberichtes ist die fehlerfreie Interpunktion. Die richtige Platzierung von **Nullen und Kommata** wird vom Prüfungsleiter besonders scharf kontrolliert.[124]

Der Gesetzgeber erhofft sich vom Abschlussprüfer eine **problemorientierte Darstellung** im Prüfungsbericht.[125] Daher werden kritische Sachverhalte durch umständliche Formulierungen hervorgehoben, damit der Berichtsleser sie mindestens zweimal liest, ehe er verständnislos darüber hinweggeht. Die weitergehende Forderung des Gesetzgebers, den Prüfungsbericht trotz seiner Vertraulichkeit sprachlich so abzufassen, dass er auch von nicht sachverständigen Aufsichtsratsmitgliedern verstanden wird, verkennt, dass Aufsichtsratsmitglieder von Amts wegen sachverständig sind. Sie müssen den Jahres- oder Konzernabschluss nicht verstehen, sondern verabschieden.

Die Berichterstattung des Abschlussprüfers soll **vollständig** sein. Diesem Grundsatz folgend werden im Prüfungsbericht alle Zahlenzusammenstellungen ausführlich und oft mehrfach verbal beschrieben, ohne in eine Interpretation auszuarten. Exegesen könnten die Geduld der Berichtsadressaten zu sehr strapazieren oder im Extremfall als tendenziöse Berichterstattung missverstanden werden.

---

[124] *Kommarentzig*, Die richtige Platzierung von Nullen in Sitzungen, Versammlungen und Schriftstücken aller Art, Berlin 2021.
[125] Begründung RegE KonTraG, S. 101.

Durch strikte **Anlehnung an den Vorjahresbericht** und durch die Übernahme seiner weiterhin gültigen Textpassagen wird die Einheitlichkeit der Berichterstattung über viele Geschäftsjahre gewahrt. Die voreilige Kritik an der Maßgeblichkeit des Vorjahresberichtes hält einer strengen Überprüfung nicht stand. Warum sollte man geglückte und brillante Formulierungen durch andere ersetzen? Die majestätischen Aussagen des Abschlussprüfers prägen sich bei ständiger Wiederholung nachhaltiger ein und werden in ihrem Inhalt weniger angezweifelt. Hinzu kommt, dass viele Aufsichtsratsmitglieder als Hauptadressaten des Berichtes in einem Alter sind, in dem man sich freut, wenn man Bekanntes wiedererkennt. Eine vom Vorjahr abweichende Formulierung könnte beim Berichtsleser unbeherrschbare Spekulationen auslösen.

3.2.2 Art und Umfang

Von einem Prüfungsbericht kann bereits dann gesprochen werden, wenn zahlenmäßige und verbale Angaben, die einem Prüfungsgegenstand und -ergebnis zugeordnet werden können, mindestens zwei DIN-A4-Seiten umfassen und mit der Unterschrift des Prüfers versehen werden. Eine solche spärliche Ausführung kann der Arbeit eines hoch qualifizierten Abschlussprüfers kaum gerecht werden. Sein üblicher Prüfungsbericht ist wesentlich länger, weil ihm das ein größeres Gewicht verleiht.

Der in Deutschland traditionelle Bericht über die Abschlussprüfung[126] zeichnet sich insbesondere dadurch aus, dass sein verbaler Teil überwiegend in deutscher Sprache abgefasst und durch voluminöse Berichtsanhänge ergänzt wird. Sein Hauptteil füllt nicht weniger als 30 DIN-A4-Seiten. Dieser sog. *Longform-Report* gilt seit jeher als **Krönung deutscher Prüfungskunst.**[127] Er wird als monumentale Vollendung der Abschlussprüfung angesehen und ist unangefochten die ästhetischste Kommunikationsform zwischen dem Abschlussprüfer und seinen exklusiven Adressaten.

---

[126] Gemeint ist der Prüfungsbericht deutscher Abschlussprüfer, also der sog. Longform-Report, der international als eine besondere Errungenschaft deutscher Prüfungskultur zu sehen ist.
[127] *Mutscheider*, Kulminationspunkte der Abschlussprüfung, 2. Auflage 1982, Frankfurt.

Da die im Prüfungsbericht anzugebenden Zahlen durch Buchführung und Abschluss des Unternehmens vorgegeben sind und ihre prosaischen Erläuterungen selten kurzweilig formuliert werden können, widmet sich der schöpferisch veranlagte Abschlussprüfer hauptsächlich der äußeren Aufmachung des Prüfungsberichts (Einband, Schriftart, Farbdruck u.a.).

Der Prüfungsbericht stellt eine streng vertrauliche „berufliche Äußerung des Abschlussprüfers" dar und ist dennoch jedem Aufsichtsratsmitglied zugänglich zu machen. Er gilt seit Urzeiten als **Pflichtlektüre** für Aufsichtsratsmitglieder jeden Alters und ist als Leitfaden für deren eigene Abschlussprüfung unverzichtbar.

Sensible Adressaten des Prüfungsberichts behaupten, dass die Verständlichkeit der Prüfungsberichte durch das **Prüferlatein** leidet, sodass die Leseabstinenz der Berichtsempfänger vom Abschlussprüfer verschuldet sei. Solchen berufsschädlichen Unterstellungen ist entgegenzuhalten, dass das Prüferlatein aus modernen angloamerikanischen Ausdrücken besteht, die der Wirtschaftsprüfer standardgemäß übernehmen muss.[128] Im Übrigen erleichtert die über Jahre fortgeschriebene Textkontinuität die Verständlichkeit der Prüfungsberichte.

Dennoch seien als Interpretationshilfen folgende **Sprachgewohnheiten der Abschlussprüfer** erwähnt. Sie lieben Füllwörter wie „allgemein, generell oder grundsätzlich", um darauf hinzuweisen, dass ihre Aussagen abweichende Einzelfälle nicht ausschließen. „Die Wertberichtigungen sind knapp bemessen", heißt im Klartext: „Die Wertberichtigungen sind zu gering". „Die Rückstellungen sind insgesamt ausreichend angesetzt", besagt eindeutig: „Einzelne Rückstellungen sind entweder gar nicht passiviert oder zu niedrig bewertet worden". „Der Wertansatz ist vertretbar", meint im Klartext: „Ich habe den Wertansatz unter Zähneknirschen akzeptiert".

Der Ausdruck „dürften zulässig sein" bringt unmissverständlich zum Ausdruck: „Ich habe erhebliche Zweifel". Der Hinweis „in Anlehnung

---

[128] Vgl. *Hakelmacher*, ABC der Finanzen und Bilanzen, 3. Auflage 1997, Köln, S. 48 und S. 157.

an den Kommentar XYZ" will mit aller Deutlichkeit sagen: „Ich bin ganz anderer Meinung und bezweifle, dass der Sachverhalt überhaupt unter die zitierte Kommentierung subsumiert werden kann.".

3.2.3 Sorgfältiger Umgang

Der Prüfungsbericht ist dem Aufsichtsrat vorzulegen (§ 321 Abs. 5 HGB). In der Regel erhält jedes Aufsichtsratsmitglied ein eigenes Exemplar, das er **kritisch lesen** soll, aber nicht durch unsachgemäße Behandlung, wie Herausreißen einzelner Blätter, unleserliche Randnotizen oder verschütteten Kaffee, lädieren darf. Im Heim des Aufsichtsratsmitglieds muss der Bericht für Kinder unzugänglich aufbewahrt werden.

Aus Versehen, Routine oder aus Pflichtgefühl wird der Bericht des Abschlussprüfers häufig als potenzielle Reiselektüre zur Bilanzsitzung mitgenommen. Sie müssen streng vertraulich behandelt werden. Ein Verlust des Prüfungsberichts, z.B. auf der Hinreise in Bus, Bahn oder Flugzeug, ist unverzüglich dem Aufsichtsratsvorsitzenden oder dem Vorstand zu melden und der nächsten Polizeidienststelle anzuzeigen.

Zur **Wahrung der Vertraulichkeit** werden die ausgehändigten Exemplare in vielen Fällen nach der Bilanzsitzung des Aufsichtsrats vom Unternehmen eingesammelt. Wenn er nicht bei der Hinfahrt irgendwo liegen geblieben ist, übergibt das gewichtsbewusste Aufsichtsratsmitglied sein Berichtsexemplar auch ohne Aufforderung vor der Abreise einem vertrauenswürdigen Unternehmensangehörigen (z.B. bevollmächtigte Buchhalter oder Pförtner) zur Aufbewahrung.

4 Die Abschlussprüfung durch den Aufsichtsrat

4.1 Gegenstand und Unterlagen

Der Aufsichtsrat hat den Jahresabschluss und den Lagebericht sowie den Vorschlag des Vorstands zur Gewinnverwendung zu prüfen (§ 171 AktG). Bei einem Mutterunternehmen muss dessen Aufsichtsrat zusätzlich den Konzern-Abschluss und den Konzern-Lagebericht prüfen. Die Krux ist in beiden Fällen, dass die Abschlussprüfung nicht an einen Ausschuss oder einzelne Mitglieder des Aufsichtsrats delegiert werden kann.

Für alle Aufsichtsratsmitglieder ist es hilfreich, wenn der Aufsichtsrat vom Prüfungsausschuss, Abschlussprüfer und/oder dem Vorstand eine unternehmensspezifische **Bilanzanalyse**[129] erbittet, welche die wesentlichen Erfolgsfaktoren und kritischen Elemente des aktuellen Jahres- oder Konzern-Abschlusses aufzeigt und auch die Bilanzpolitik des Vorstands erkennen lässt.

Nach Vorlage von Abschluss, Lagebericht und Prüfungsbericht des Abschlussprüfers durch den Vorstand hat der Aufsichtsrat einen Monat Zeit, um seinen Bericht an die Hauptversammlung über seine Prüfung dem Vorstand zuzuleiten. Wenn das nicht fristgemäß geschieht, hat der Vorstand eine Nachfrist von nicht mehr als einem Monat zu setzen. Wird auch diese **Frist** nicht eingehalten, gilt der Abschluss als vom Aufsichtsrat nicht gebilligt (§ 171 Abs. 3 AktG).

Die Entgegennahme des Prüfungsberichts des Abschlussprüfers und die Absicht, diesen kritisch zu lesen, sind der Beginn der Abschlussprüfung durch den Aufsichtsrat. Ihr Inhalt geht über den der gesetzlichen Abschlussprüfung hinaus. Während der Abschlussprüfer „nur" die Recht- und Ordnungsmäßigkeit von Abschluss und Lagebericht zu prüfen und zu beurteilen hat, muss der Aufsichtsrat darüber hinaus auch deren **Wirtschaftlichkeit und Zweckmäßigkeit** prüfen.

---

[129] Siehe dazu z.B. *Scheffler*, Bilanzen richtig lesen, 11. Auflage 2021, Seite 236 ff.

Im Hinblick auf die Recht- und Ordnungsmäßigkeit kann der Aufsichtsrat weitgehend auf den Prüfungsbericht und auf das Prüfungsergebnis des Abschlussprüfers Bezug nehmen. Wirtschaftlichkeit und Zweckmäßigkeit der Rechnungslegung werden von dem Interesse des Unternehmens und seinen wirtschaftlichen, sozialen und ökologischen Pflichten und Zielen bestimmt. Bei ihrer Prüfung wird der Aufsichtsrat auf seine Kenntnisse aus der laufenden Überwachung der Geschäftsführung zurückgreifen.

4.2 Bilanzsitzung des Aufsichtsrats

In der Bilanzsitzung verhandelt der Aufsichtsrat abschließend über den Abschluss und den Lagebericht und stellt das Ergebnis seiner Abschlussprüfung fest. Darüber hinaus werden die in der nachfolgenden ordentlichen Hauptversammlung zu fassenden Beschlüsse über die Verwendung des Bilanzgewinns, über die Entlastung von Aufsichtsrat und Vorstand, über zu wählende Aufsichtsratsmitglieder und über die Wahl des Abschlussprüfers formuliert.

Sind der Jahres- und der Konzern-Abschluss durch einen externen **Abschlussprüfer** zu prüfen, „so hat dieser an den Verhandlungen des Aufsichtsrats oder des Prüfungsausschusses über die genannten Unterlagen teilzunehmen und über wesentliche Ergebnisse seiner Prüfung, insbesondere wesentliche Schwächen des internen Kontroll- und Risikomanagementsystems bezogen auf den Rechnungslegungsprozess zu berichten".[130] Außerdem muss der Abschlussprüfer über Umstände berichten, die seine Befangenheit besorgen lassen und über sonstige Leistungen informieren, die er zusätzlich zur Abschlussprüfung erbracht hat.

Üblicher Weise nimmt auch der **Vorstand** an der Bilanzsitzung teil. Bei Unternehmen von öffentlichem Interesse bedarf diese Selbstverständlichkeit eines besonderen Beschlusses. Da der Abschlussprüfer als Sachverständiger an der Bilanzsitzung teilnimmt, muss der Aufsichtsrat die Teilnahme des Vorstands ausdrücklich für erforderlich halten. Es wäre verdächtig, wenn der Aufsichtsrat diese Notwendigkeit bei der Verhandlung über den Jahresabschluss verneint.

---

[130] § 171 Abs. 1 AktG.

Die **Abschlussprüfung des Aufsichtsrats** und ihr Ergebnis wird im Allgemeinen durch Einsicht in den Prüfungsberichts des Abschlussprüfers, durch nachgefragte Erläuterungen von Abschlussprüfer und/oder Vorstand sowie durch die abschließende Diskussion über das Prüfungsergebnis erledigt.

Billigt der Aufsichtsrat den Jahresabschluss, so ist dieser festgestellt, es sei denn, dass Vorstand und Aufsichtsrat beschließen, die Feststellung der Hauptversammlung zu überlassen (§ 172 AktG).

Der Aufsichtsrat hat über das Ergebnis seiner Prüfung an die Hauptversammlung schriftlich zu berichten und zum Prüfungsergebnis des Abschlussprüfers Stellung zu nehmen. Außerdem hat er darüber zu berichten, in welcher Art und in welchem Umfang er die Geschäftsführung des Vorstands während des Geschäftsjahres geprüft hat (§ 171 Abs. 2 AktG).

5 Zwischenberichterstattung

5.1 Berichtspflicht und Zweck

Um den Kontakt zu Investoren, Börsenmanagern und Finanzanalysten zwischen den jährlichen Abschlüssen nicht abreißen zu lassen, müssen Unternehmen, die als Inlandsemittenten Aktien oder Schuldtitel begeben, einen **Halbjahresfinanzbericht** (§§ 115 bis 117 WpHG) und nach Börsenvorschriften (z.B. Deutsche Börse AG für DAX-Unternehmen) zusätzlich Quartalsmittteilungen veröffentlichen. Mutterunternehmen, die zur Konzern-Rechnungslegung verpflichtet sind, müssen diese unterjährigen Finanzberichte für den Konzern aufstellen (§ 117 Abs. 2 WpHG).

Der Halbjahresfinanzbericht ist unverzüglich, spätestens drei Monate nach Ablauf des Berichtszeitraums, der Öffentlichkeit zur Verfügung zu stellen (§ 115 Abs. 1 WpHG). Berichtszeitraum ist der Zeitraum vom Beginn bis zum Ende der ersten Hälfte des Geschäftsjahres.

Die Zwischenberichterstattung soll Investoren und andere Stakeholder des Unternehmens vor Ablauf des Geschäftsjahres über die Entwicklung der Geschäftslage und des Geschäftsergebnisses des Unternehmens oder Konzerns informieren. Dabei sind die Ereignisse und Geschäftsvorfälle zu erläutern, die für das Verständnis der Veränderungen der Vermögens-, Finanz- und Ertragslage des Unternehmens seit Ende des vorangegangenen Geschäftsjahres erheblich sind (IAS 34.15). Die zukunftsorientierten Informationen des letzten Lageberichts sind für das laufende Geschäftsjahr zu aktualisieren. Der Zwischenabschluss hat ausschließlich eine Informationsfunktion.[131]

5.2 Inhalt

Der **Halbjahresfinanzbericht** hat zumindest zu enthalten:

- einen Zwischenabschluss mit verkürzter Bilanz zum letzten Tag des Berichtszeitraums und einer verkürzten GuV für den Berichtszeit-

---

[131] Weitere Einzelheiten ergeben sich aus dem Deutschen Rechnungslegungs-Standard DRS 16 „Halbjahresfinanzbericht".

raum (= erste Hälfte des laufenden Geschäftsjahres) und einen verkürzten Anhang,
- einen Zwischenlagebericht sowie
- die Versicherung der gesetzlichen Vertreter des Unternehmens, dass der Zwischenabschluss und Zwischen-Lagebericht ein den tatsächlichen Verhältnissen entsprechenden Bild von der Lage und Entwicklung des Unternehmens vermitteln. (sog. Bilanzeid).

In der verkürzten Bilanz und GuV sind für den vorangegangenen Stichtag bzw. Zeitraum entsprechende Vergleichszahlen anzugeben.

In der **Quartalsmitteilung** sind die wesentlichen Ereignisse und Geschäfte des Unternehmens bzw. seines Konzerns, die im Mitteilungszeitraum stattgefunden haben und ihre Auswirkungen auf die Finanzlage zu erläutern, die Finanzlage und das Geschäftsergebnis im Mitteilungszeitraum zu beschreiben sowie wesentliche Veränderungen gegenüber dem Prognosebericht des letzten (Konzern-)Lageberichts oder Zwischenlageberichts anzugeben.

Der **Konzern-Zwischenabschluss** enthält die Konzern-Bilanz, die Konzern-GuV und den Konzern-Anhang, i.d.R. in verkürzter Form. Der Konsolidierungskreis ist wie beim Konzern-Abschluss definiert (§§ 294 und 296 HGB). Änderungen durch die erstmalige Einbeziehung oder durch Abgänge von Tochterunternehmen sind wie im Konzern-Abschluss zu behandeln. Wesentliche Auswirkungen sind im Konzern-Anhang zu erläutern. Eine Kapitalflussrechnung und ein Eigenkapitalspiegel sind nicht vorgeschrieben, doch wird durch DRS 16 jeweils eine verkürzte Fassung empfohlen.

Soweit ein Mutterunternehmen seinen Konzern-Abschluss auf der Grundlage der IFRS aufzustellen hat oder freiwillig aufstellt (§ 315a HGB), richtet sich der Mindestinhalt des Konzern-Zwischenabschlusses nach IAS 34.8 ff. (Kapitel E.5.5).

5.3 Bilanzierung und Bewertung

Die Zwischenberichterstattung ist in die Gesamtrechnungslegung des Unternehmens oder Konzerns eingebunden, sodass die anzuwendenden Bilanzierungs- und Bewertungsgrundsätze sowie die Ausübung von Wahlrechten mit denen des vorangegangenen Jahres- oder Konzern-Abschlusses übereinstimmen müssen. Wird im Interesse einer verbesserten Darstellung der Geschäftsentwicklung oder aus anderen angemessenen Gründen die Stetigkeit unterbrochen, sind die Gründe für die Änderung und ihre Auswirkungen zu erläutern.

Im Interesse der Aktualität der Berichterstattung sind sachgerechte Vereinfachungen und Schätzungen zulässig. Es muss aber sichergestellt sein, dass die Informationen des Zwischenabschlusses verlässlich sind und alle wesentlichen Informationen enthalten, die für ein zutreffendes Verständnis der Ertrags-, Finanz- und Vermögenslage des Unternehmens oder Konzerns nötig sind.

Im verkürzten Anhang sind auch Vorgänge von besonderer Bedeutung, die nach dem Stichtag des Zwischenabschlusses eingetreten sind und in der Bilanz oder GuV keinen Niederschlag gefunden haben, unter Angabe ihrer Art und ihrer finanziellen Auswirkungen aufzuführen.

5.4 Zwischenlagebericht

Der Zwischenlagebericht soll aus Sicht der Unternehmensleitung jene **Informationen** vermitteln, die ein verständiger Adressat benötigt, um die Entwicklung der Vermögens-, Finanz- und Ertragslage des Unternehmens im Berichtszeitraum und im weiteren Verlauf des Geschäftsjahres beurteilen zu können. Zu erwähnen sind die wichtigen Ereignisse des Berichtszeitraums und ihre Auswirkungen auf den verkürzten Abschluss sowie die Chancen und Risiken für die dem Berichtszeitraum folgenden sechs Monate des Geschäftsjahres. Bei einem Unternehmen, das als Inlandsemittent Aktien begibt, sind die wesentlichen Geschäfte mit nahestehenden Personen im Berichtszeitraum aufzuführen.

Die **zukunftsorientierten Aussagen** des Zwischenberichts beziehen sich grundsätzlich auf die Entwicklung in den verbleibenden Monaten des laufenden Geschäftsjahres. Darüber hinausgehende zukunftsorientierte Aussagen, die im letzten Lagebericht bzw. Konzern-Lagebericht enthalten waren, sollten allerdings an wesentliche neue Erkenntnisse und Entwicklungen angepasst werden.

5.5 Zwischenberichterstattung nach IAS 34

Unternehmen, die ihren Konzern-Abschluss oder auch ihren Einzelabschluss auf der Grundlage der IFRS aufstellen, haben bei der Zwischenberichterstattung den IAS 34 „Zwischenberichterstattung" anzuwenden. Zur Zwischenberichterstattung verpflichtete Inlandsemittenten müssen ihren Zwischenbericht um einen Zwischenlagebericht ergänzen, der nach IAS 34 nicht vorgesehen ist.

Die Zwischenberichte enthalten

- eine Bilanz zum Ende der aktuellen Zwischenberichtsperiode und eine vergleichende Bilanz zum Ende des vorangegangenen Geschäftsjahres;
- eine Gesamtergebnisrechnung für zwei unterschiedliche Zeiträume, nämlich (a) für die aktuelle Zwischenberichtsperiode und (b) eine kumulierte Gesamtergebnisrechnung für den Zeitraum vom Beginn des aktuellen Geschäftsjahres bis zum Zwischenberichtsstichtag, jeweils mit Vergleichszahlen für die entsprechenden Berichtsperioden des vorangegangenen Geschäftsjahres;
- eine Aufstellung, welche die Veränderungen des Eigenkapitals vom Beginn des Geschäftsjahres bis zum Zwischenberichtsstichtag zeigt, und eine gleiche Aufstellung für die vergleichbare Berichtsperiode vom Beginn des Geschäftsjahres an bis zum Stichtag des Zwischenberichts des vorangegangenen Geschäftsjahres;
- eine Kapitalflussrechnung für die Periode vom Beginn des aktuellen Geschäftsjahres bis zum Stichtag des Zwischenberichts mit einer vergleichenden Aufstellung für die Vergleichsperiode sowie
- erläuternde Anhangangaben.

Die Gesamtergebnisrechnung weist alle Veränderungen des Eigenkapitals aus, und zwar sowohl die in der GuV erfassten erfolgswirksamen Aufwendungen und Erträge als auch die als sonstiges Ergebnis bezeichneten erfolgsneutralen Veränderungen des Eigenkapitals, die nicht aus Transaktionen mit den Anteilseignern resultieren.

Für Unternehmen, deren Geschäftsverlauf stark saisonabhängig ist, empfiehlt IAS 34.21, zusätzliche Finanzinformationen über den Zeitraum von zwölf Monaten vor dem Stichtag des Zwischenberichts mit entsprechenden Vergleichsinformationen für die vorangegangene Zwölf-Monats-Periode anzugeben. Damit sollen Saisoneinflüsse sichtbar gemacht werden. Der gleiche Zweck kann aber auch durch entsprechende Anhangangaben erreicht werden.

Kapitel F
ERWEITERTE RECHENSCHAFTSLEGUNG

1. Entwicklung und Überblick 173
2. Erklärung zur Unternehmensführung 176
3. Nachhaltigkeitsbericht 179

1 Entwicklung und Überblick

In den letzten Jahren wurde die Rechnungs- und Rechenschaftslegung der Unternehmen und Konzerne zunehmend um unberechenbare Elemente erweitert. Leidtragende dieser Blähungen des *Financial Reportings* sind vor allem große Kapitalgesellschaften mit Kapitalmarktzugang. Die Erfahrung lehrt jedoch, dass nach relativ kurzer Zeit auch andere Unternehmen unter solchen Vapeurs leiden müssen.

Sämtliche Weiterungen unterliegen der Überwachung und Prüfung durch den Aufsichtsrat und vergrößern sein Aufgabenpensum. Der Abschlussprüfer befasst sich mit den Weiterungen bisher nur im begrenzten Umfang.

1.1 Abhängigkeitsbericht

Eine frühe Erweiterung der Rechnungslegung stellt der sog. Abhängigkeitsbericht dar, den der Vorstand einer **abhängigen Aktiengesellschaft** bei nicht vertraglich unterlegten, sondern faktischen Konzernverhältnissen aufstellen und vom Abschlussprüfer prüfen lassen muss. Der Aufsichtsrat des abhängigen Unternehmens hat den Abhängigkeitsbericht ebenfalls zu prüfen (§§ 312 ff. AktG).

Im Abhängigkeitsbericht sind alle **Rechtsgeschäfte** und sonstigen Maßnahmen aufzuführen, welche die abhängige AG mit dem herrschenden oder einem mit ihm verbundenen Unternehmen oder im Interesse dieser Unternehmen im vergangenen Geschäftsjahr vorgenommen oder unterlassen hat. Für die berichtspflichtigen Rechtsgeschäfte sind Leistung und Gegenleistung und für die sonstigen Maßnahmen die Gründe sowie die Vor- und Nachteile für die Gesellschaft zu nennen. Bei einem Ausgleich von Nachteilen ist im Einzelnen anzugeben, wie der Ausgleich während des Geschäftsjahres erfolgt ist oder auf welche Vorteile der Gesellschaft ein Rechtsanspruch auf Nachteilsausgleich gewährt worden ist.

Am Schluss des Berichts hat der Vorstand der abhängigen AG zu erklären, dass die Gesellschaft bei jedem Rechtsgeschäft eine **angemessene Gegenleistung** erhalten hat und ob sie durch getroffene oder unterlassene Maßnahmen nicht benachteiligt wurde oder die Nachteile ausgeglichen wurden. Diese Berichterstattung, die vom **Abschlussprüfer und Aufsichtsrat** des abhängigen Unternehmens zu prüfen ist, soll verhindern, dass die abhängige AG und ihre Minderheitsaktionäre von dem herrschenden Unternehmen direkt oder indirekt durch unangemessene Gegenleistungen oder Nachteile geschädigt werden

1.2 Nichtfinanzielle Berichterstattung

Seit 2009 müssen börsennotierte Aktiengesellschaften sowie Aktiengesellschaften, die ausschließlich andere Wertpapiere zu Handel an einer Börse ausgegeben haben, eine **Erklärung zur Unternehmensführung** abgeben, an der der Aufsichtsrat teilweise mitwirken muss (§ 289f HGB). Mutterunternehmen müssen eine Konzern-Erklärung zur Unternehmensführung erstellen (§ 315d HGB). (Siehe Kapitel F.2.)

Seit 2017 müssen kapitalmarktorientierte Unternehmen mit mehr als 500 Beschäftigten jährlich eine „**nichtfinanziellen Erklärung**" (§ 289b ff. HGB) und Mutterunternehmen eine nichtfinanzielle Konzern-Erklärung (§§ 315b ff. HGB) veröffentlichen (Kapitel 3). Der Aufsichtsrat hat die nichtfinanzielle Erklärung vollinhaltlich prüfen (§ 171 Abs. 1 Satz 4 AktG).

Beide Erklärungen[132] sind jeweils als separater Abschnitt in den Lagebericht des Unternehmens aufzunehmen, es sei denn, dass sie gesondert veröffentlicht werden. Der Abschlussprüfer hat lediglich festzustellen, ob die Erklärungen abgegeben worden sind oder nicht (§ 317 Abs. 2 Satz 4 HGB).

Damit diese **Ausbremsung der Abschlussprüfer** nicht die in der Fachliteratur mehrfach dramatisierte Erwartungslücke[133] vergrößert, vor allem aber, um den Aufsichtsrat zu entlasten, hat der Gesetzgeber vorgesehen, dass der Aufsichtsrat eine inhaltliche Prüfung der nichtfinanziellen Erklärung durch den Abschlussprüfer beauftragen kann

---

[132] Mutterunternehmen haben die Erklärungen für den Konzern abzugeben.
[133] *IDW* (Hrsg.) WP-Handbuch 2017, Düsseldorf 2017, M 13 f. Siehe auch *Horrowitz*, Unerfüllte Erwartungen, Weimar 1991, *Liebeneiner*, Die Verzweiflung des Dr. K., Düsseldorf 2012.

(§ 111 Abs. 1 Satz 4 AktG). Die Mehrheit der berichtspflichtigen Unternehmen hat von der erwähnten Option eines Prüfungsauftrags an den Abschlussprüfer Gebrauch gemacht.[134]

Nach den Plänen der Europäischen Union wird die Opulenz dieser Erklärung gewaltig zunehmen und den Aufsichtsrat nachhaltig beschäftigen (Kapitel F.3.2).

1.3 Sonstige Berichterstattung

Bestimmte Unternehmen sind zusätzlich zu folgender Berichterstattung verpflichtet, die der Aufsichtsrat ebenfalls vollinhaltlich zu prüfen hat.

- Börsennotierte Unternehmen müssen jährlich über die an Aufsichtsrats- und Vorstandsmitglieder gewährten Vergütungen berichten. Der **Vergütungsbericht** ist vom Abschlussprüfer zu prüfen (Kapitel C.5.3; § 162 AktG).
- Große inländische Kapitalgesellschaften, die in der mineralgewinnenden Industrie tätig sind oder Holzeinschlag in Primärwäldern betreiben, müssen über Zahlungen an staatliche Stellen berichten (§§ 341q ff. HGB). Für die **Zahlungsberichte** ist keine externe Prüfung vorgesehen.

---

[134] DRSC-Untersuchung.

2 Erklärung zur Unternehmensführung

Mit der Erklärung zur Unternehmensführung sollen betrübliche Aktivitäten und unbotmäßige Allüren von Vorstand und Aufsichtsrat durch abschreckende Offenlegung des praktizierten Verhaltens verhindert werden. Die Erklärung hat folgenden **Inhalt:**

- die sog. Entsprechenserklärung zum Deutschen Corporate Governance Kodex (DCGK),
- eine Bezugnahme auf den Vergütungsbericht (Kapitel C.5.3),
- relevante Angaben zu Unternehmensführungspraktiken, die über die gesetzlichen Anforderungen hinausgehen,
- Beschreibung der Arbeitsweise von Vorstand und Aufsichtsrat und ihrer Ausschüsse sowie
- das nach Rechtsform, Börsennotierung und Mitbestimmung des Unternehmens abgestufte umfangreiche *Diversity*- oder *Gender-Reporting*.

In der **Entsprechenserklärung** müssen Vorstand und Aufsichtsrat gemeinsam erklären, dass den Empfehlungen des Kodexes gefolgt wurde und wird oder welchen Empfehlungen nicht entsprochen wurde oder wird und warum nicht. Glücklicher Weise sind die Empfehlungen des DCGK so zerlegt worden, dass ihre Befolgung oder Nichtbefolgung mithilfe von Check- und Strichlisten leicht verifiziert und i.d.R. durch eine Stabsabteilung des Unternehmens (z.B. Rechts- oder PR-Abteilung) eruiert und dokumentiert werden können.

Delikat ist die Kodex-Empfehlung, dass der Aufsichtsrat ein **Kompetenzprofil** für seine Zusammensetzung erarbeiten soll.[135] Bisher wurden die für die Aufsichtsratstätigkeit erforderlichen Fähigkeiten und Fertigkeiten als angeboren oder stillschweigend als gegeben angenommen. Zu den nunmehr anzustellenden Nachforschungen siehe Kapitel B.1.1.

---

[135] Änderungsvorschlag der Kodex-Kommission zu Tz. 5.4.1.

Eindrucksvolle Beispiele für **Unternehmensführungspraktiken**, die das gesetzliche oder gewohnte Maß überschreiten (Führungsexzesse),[136] sind z.B.

- systematische Fortbildung der Mitglieder von Vorstand und Aufsichtsrat,
- rechtzeitige und ausreichende Unterrichtung von Vorstands- und Aufsichtsratskollegen,
- Nutzung von Horoskopen bei der Besetzung von Führungspositionen,
- Verwendung von Orakelknochen bei wichtigen Vorstandsentscheidungen oder bei Aufsichtsratsbeschlüssen zu zustimmungspflichtigen Geschäften,
- gemeinsames Beten von Vorstand und Aufsichtsrat vor oder nach wichtigen Beschlüssen.

Bei der Beschreibung der **Arbeitsweise von Vorstand und Aufsichtsrat** und ihrer Ausschüsse geht es vor allem um Art und Häufigkeit der persönlichen Begegnungen und die dabei behandelten Themen. Zur mutigen Aufklärung über die Tätigkeit des Aufsichtsrats sollten in der Erklärung die Schwerpunktthemen der Aufsichtsratssitzungen genannt werden.

Zum Nachweis ordentlicher Arbeit werden Inhalt und Ergebnisse der Vorstands- und Aufsichtsratssitzungen protokolliert. Nach vorläufiger Ansicht von Experten sind in den Niederschriften über Aufsichtsrats-, Vorstands- und Ausschusssitzungen schwachsinnige Argumente oder deutliche Äußerungen des Unwillens der Teilnehmer nur festzuhalten, wenn sie die Entscheidungen oder anstehende Maßnahmen wesentlich beeinflusst haben.

Das *Diversity Reporting* bezieht sich hauptsächlich auf Aufsichtsrat und Vorstand und beschränkt sich i.d.R. auf die gesetzlich geforderte Mindestteilhabe von Frauen und Männern. Bei börsennotierten oder mitbestimmten Unternehmen sind zusätzlich für die beiden unterhalb des Vorstands angesiedelten Führungsebenen die Geschlechterquoten

---

[136] Dazu ausführlich *Mortimer*, Übermäßige Managementpraktiken in mäßig disziplinierten Unternehmen, Diss. Hamburg 2016, S. 189 ff.

als Ziel- und als Ist-Größe anzugeben (Kapitel B.1.2.2). Die Teilhabe von Personen mit ungewissem oder einem dritten Geschlecht ist derzeit nicht geregelt, wird aber stillschweigend geduldet.

Ungewohnt, aber wissenswert sind darüber hinaus Angaben zur weiteren Vielfalt der Organmitglieder, wie Körperform, Nationalität, Religion, Zugehörigkeit zu Netzwerken und Fanclubs, Sprachkenntnisse und andere führungs- und überwachungsrelevante Talente. Wie immer ist auch hier auf den Datenschutz zu achten.

3 Nachhaltigkeitsbericht

3.1 Nichtfinanzielle Erklärung

3.1.1 Berichtspflichtige Unternehmen

Große und kapitalmarktorientierte Kapitalgesellschaften[137] sowie Kreditinstitute und Versicherungsunternehmen, die im Jahresdurchschnitt mehr als 500 Arbeitnehmer beschäftigen, haben ihren **Lagebericht** um eine nichtfinanzielle Erklärung zu erweitern (§ 289b Abs. 1 HGB) und dort in einem besonderen Abschnitt wiederzugeben. Alternativ kann ein **gesonderter nichtfinanzieller Bericht** erstellt werden, der zumindest die nach § 289c HGB erforderlichen Angaben enthält und entweder mit dem Lagebericht gemäß § 325 HGB offengelegt oder durch Veröffentlichung auf der Internetseite der Kapitalgesellschaft spätestens sechs Monate nach dem Abschlussstichtag und mindestens für zehn Jahre öffentlich zugänglich ist.

Die genannten Unternehmen sind von der Berichtspflicht befreit, wenn sie in eine nichtfinanzielle Konzern-Erklärung oder in einen gesonderten nichtfinanziellen Konzern-Bericht des Mutterunternehmen einbezogen werden. Das befreite Unternehmen muss in seinem Lagebericht angeben, welches Mutterunternehmen die nichtfinanzielle Konzern-Erklärung abgegeben hat und wo sie in deutscher oder englischer Sprache offengelegt oder veröffentlicht ist.

Kapitalmarktorientierte Kapitalgesellschaften müssen als Mutterunternehmen eine **nichtfinanzielle Konzern-Erklärung** abgeben und veröffentlichen, wenn ihr Konzern die in § 293 HGB genannten Größenordnungen für Umsatzerlöse und Bilanzsumme überschreitet und im Jahresdurchschnitt insgesamt mehr als 500 Arbeitnehmer beschäftigt (§ 315b Abs. 1 HGB). Der Inhalt der nichtfinanziellen Konzern-Erklärung entspricht der nichtfinanziellen Erklärung für das einzelne Unternehmen (§ 289c HGB) in Bezug auf den Konzern (§ 315c HGB). Für die Wesentlichkeit der Informationen ist auf die Lage und Entwicklung des Konzerns abzustellen.

---

[137] § 267 Abs. 3 Satz 1 und § 264d HGB.

Eine Berichtspflicht besteht nicht, wenn das **Mutterunternehmen** gemäß §§ 291, 292 HGB von der Pflicht zur Aufstellung eines Konzern-Lageberichts befreit ist. Dasselbe gilt für Mutterunternehmen, die als Tochterunternehmen in die nichtfinanzielle Konzern-Erklärung eines anderen Mutterunternehmens einbezogen werden (§ 315b Abs. 2 HGB). In diesem Fall ist anzugeben, welches Mutterunternehmen den Konzern-Lagebericht offenlegt und wo dieser Bericht in deutscher oder englischer Sprache offengelegt oder veröffentlicht ist.

3.1.2 Inhalt

Die nichtfinanzielle Berichtserstattung ist der sozialen Verantwortung der Kapitalgesellschaft (= *Corporate Social Responsibility*; CSR) gewidmet, soll aber stärker auf Nachhaltigkeitsaspekte erweitert werden (Kapitel F.3.2). In dem CSR-Bericht ist einleitend das oft im Unterbewusstsein der Organmitglieder schlummernde **Geschäftsmodell** des Unternehmens zu beschreiben. Bei dieser ungewohnten Artikulierung geht es um die Art und Weise, wie das Unternehmen unter Einsatz seiner Ressourcen Werte schafft.

Im Übrigen ist in der nichtfinanziellen Erklärung zumindest auf folgende **Aspekte** einzugehen:[138]

- Umweltbelange (z.B. Begrenzung oder Filterung des Dampfablassens auf der Vorstandsetage, Einsatz erneuerbarer Dienstwagen);
- Arbeitnehmerbelange (z. B. Geschlechtergleichstellung bei der Verlosung der Firmenparkplätze);
- Sozialbelange (z.B. Unterstützung der lokalen Feuerwehr oder regionaler Künstlerinnen);
- Achtung der Menschenrechte (z.B. Kinderarbeit nur in Schulen);
- Bekämpfung von Korruption und Bestechung (z.B. Ernennung eines *Corruption Officers*).

Aspekte sind Gesichtspunkte, die wie Sommersprossen nur in geringer Zahl schön sind. Daher sollte ihre Erweiterung nur behutsam vorangetrieben werden. Die CSR-Berichtserstattung kann durch Verweis auf

---

[138] Die aufgeführten Beispiele sind keine abschließende Aufzählung, demonstrieren aber die unermessliche Weite und Tiefe der Aspekte.

Empfehlungen und Checklisten nationaler oder internationaler Rahmenwerke[139] entlastet und eingedämmt werden.

Für die genannten Aspekte sind sowohl die verfolgten Konzepte als auch die Sorgfalt zu beschreiben, mit der die konzipierten Ziele umgesetzt und kontrolliert werden (= *Due-Diligence-Process*). Außerdem sind die wesentlichen Risiken anzugeben, die „sehr wahrscheinlich schwerwiegende negative Auswirkungen" auf die genannten Aspekte haben oder haben können.

Wenn für einen oder mehrere Aspekte kein **Konzept** vorliegt, ist dies in der nichtfinanziellen Erklärung zu bekennen und zu begründen. Da sich kein Top-Manager Konzeptlosigkeit vorwerfen lassen will,[140] ist die Versuchung groß, anstelle der Fehlanzeige aspektbezogene Geschäftsrisiken mit möglichst vielen Worten zu bagatellisieren.[141]

Ein berichtspflichtiges Unternehmen braucht ausnahmsweise keine Angaben zu künftigen Entwicklungen oder Belangen zu machen, über die Verhandlungen geführt werden, wenn die Angaben nach vernünftiger kaufmännischer Beurteilung der Geschäftsführung geeignet sind, dem Unternehmen einen erheblichen Nachteil zuzufügen und das Weglassen die Abbildung der tatsächlichen Geschäftsentwicklung und Lage des Unternehmens nicht verhindert. Sind die Gründe für die Nichtaufnahme der Angaben entfallen, sind die Angaben in der folgenden nichtfinanziellen Erklärung aufzunehmen (§ 289e HGB).

3.1.3 Prüfung

Die nichtfinanzielle Berichterstattung im Lagebericht oder der gesonderte nichtfinanzielle Bericht ist dem Abschlussprüfer (§ 320 Abs. 1 und 3 HGB) und dem Aufsichtsrat (§ 170 Abs. 1 AktG) vorzulegen. Die Prüfung durch den **Abschlussprüfer** beschränkt sich darauf, ob die nichtfinanzielle Erklärung im Lagebericht bzw. Konzern-Lagebericht enthalten ist oder ob sie als gesonderter Bericht erstellt vorgelegt wurde

---

[139] Zum Beispiel: Leitsätze der OECD für multinationale Unternehmen oder der Deutsche Nachhaltigkeits-Kodex.
[140] Siehe dazu *Kniepsack*, Chaos ist besser als gar kein Konzept, Hamburg 2015, S. 25 ff.
[141] Zur Technik siehe *Pauerhast*, Overwording, München 2017.

und ob die geforderten Angaben gemacht wurden.[142] Eine inhaltliche Prüfung der nichtfinanziellen Erklärung durch den Abschlussprüfer ist nicht vorgeschrieben.

Der **Aufsichtsrat** des Unternehmens bzw. des Mutterunternehmens hat entsprechend seiner umfassenden Überwachungsaufgabe die nichtfinanzielle (Konzern-)Erklärung als Teil des (Konzern-)Lageberichts oder als den gesonderten nichtfinanziellen (Konzern-)Bericht vollinhaltlich zu prüfen (§ 171 Abs. 1 AktG), d.h. auf Richtigkeit, Vollständigkeit und Angemessenheit.

Der Gesetzgeber hat als Fürsorge für den hilfsbedürftigen Aufsichtsrat vorgesehen, dass dieser eine externe inhaltliche Überprüfung der nichtfinanziellen Berichterstattung beauftragen kann (§ 111 Abs. 2 Satz 4 AktG). Hat eine solche Prüfung stattgefunden, ist das Prüfungsurteil in gleicher Weise wie die Erklärung öffentlich zugänglich zu machen.

3.2 Künftige Nachhaltigkeitsberichterstattung
3.2.1 EU-Richtlinienentwurf

Die Europäische Kommission plant wesentliche Erweiterungen und Präzisierungen der CSR-Berichterstattung, die nach ihren Recherchen den erheblich gestiegenen Informationsforderungen der Adressaten bisher nicht genügend gerecht wird. Sie hat am 21.04.2021 den Entwurf einer Änderungsrichtlinie zur Nachhaltigkeitsberichterstattung vorgelegt. Damit setzt die EU-Kommission[143] den modernen Trend der Gesetz- und Normengeber fort, Inhalt, Art und Weise der Rechnungslegung ausweglos und so detailliert vorzuschreiben, dass für kreative Gestaltungsideen der Berichterstatter kein Raum bleibt.

In ihrem Entwurf bemerkt die Kommission einleitend, dass die Bezeichnung „nichtfinanzieller Bericht" ungenau ist, weil sie unrichtiger Weise impliziert, dass die verlangten Informationen über soziale und Umweltbelange nicht von finanzieller Relevanz seien. Daher soll künftig von

---

[142] § 317 Abs. 2 i.V.m. §§ 289f bzw. 315d HGB.
[143] Entwurf vom 21.04.2021, COM (2021) 189 final (CSRD).

„Nachhaltigkeitsberichterstattung" (*Sustainability-Reporting*) gesprochen werden.

Obwohl die anvisierte Expansion der Nachhaltigkeitsberichterstattung noch nicht ganz absehbar ist, steht fest, dass sie den betroffenen Unternehmen und Personen nachhaltig Mühen und Ärger bereiten wird. Auch der Aufsichtsrat muss sich mit der Nachhaltigkeits-Berichterstattung nachhaltig beschäftigen. Aus diesem Grund werden die bisher erkennbaren Weiterungen nachfolgend näher dargestellt, obwohl hier der Humor bald aufhört.

Berichtspflichtig sollen künftig alle großen Unternehmen (Bilanzsumme 20 Mio. €, Umsatz 40 Mio. € und 250 Beschäftigte) und Mutterunternehmen großer Konzerne sein, egal, ob sie kapitalmarktorientiert sind oder nicht. Kreditinstitute und Versicherungsunternehmen sind unabhängig von ihrer Rechtsform berichtspflichtig. Ab 01.01.2026 sollen auch kleine und mittelgroße Unternehmen (KMU) berichtspflichtig werden, für die besondere KMU-Berichtsstandards vorgesehen sind. Die neuen Bestimmungen sollen am 01.01.2023 wirksam werden.

Die Nachhaltigkeitsberichterstattung soll künftig **ausschließlich im Lagebericht** verortet werden. Die geforderten Informationen sollen durch Standards konkretisiert und für die Veröffentlichung ein einheitliches elektronisches Berichtsformat bestimmt werden. Der Nachhaltigkeitsbericht soll verständlich, relevant und repräsentativ sein, nachprüfbar, vergleichbar sein und in getreuer Weise (*faithful manner*) erfolgen.

Für die berichtspflichtigen Nachhaltigkeitsaspekte wird eine **doppelte Wesentlichkeit** konstituiert: Sie bezieht sich sowohl auf die Auswirkungen der Geschäftstätigkeit des Unternehmens auf die Nachhaltigkeitsaspekte (*inside-out*) als auch auf die Auswirkungen der Nachhaltigkeitsaspekte auf die Entwicklung, Vermögens- und Ertragslage des Unternehmens *(outside-in)*.

Der **Abschlussprüfer** soll den Nachhaltigkeitsbericht auf Übereinstimmung mit den vorgeschlagenen Berichtsstandards „mit begrenzter Sicherheit" prüfen, d.h., er muss aufgrund der erlangten Nachweise zu der Überzeugung gelangen, dass die Nachhaltigkeitsberichterstattung im Rahmen der gegebenen Umstände plausibel ist.

Eine Änderung der Abschlussprüfer-Richtlinie soll vorsehen, dass der Abschlussprüfer nachhaltigkeitsbezogene Kenntnisse haben muss und dass entsprechende Prüfungsstandards definiert werden.

3.2.2 Inhalt des Nachhaltigkeitsberichts

Da viele Unternehmen der Nachhaltigkeitsberichterstattung kopfscheu gegenüberstehen, versucht die EU-Kommission, ihren Inhalt durch zusätzliche vorgegebene Stichworte zu fixieren. So soll im Zusammenhang mit dem **Geschäftsmodell und** der **Strategie** des Unternehmens künftig auch eingegangen werden auf

- die Widerstandskraft des Unternehmens gegen Nachhaltigkeitsrisiken,
- nachhaltigkeitsbezogene Chancen des Unternehmens,
- Pläne zum Übergang auf eine nachhaltige Wirtschaft und zur Begrenzung der globalen Erderwärmung auf 1,5 Grad entsprechend dem Pariser Abkommen,
- Umsetzung der Unternehmensstrategie in Bezug die Nachhaltigkeit und
- die Berücksichtigung der Interessen der Stakeholder des Unternehmens.

Damit bei der Darstellung der berichtspflichtigen Aspekte nicht geschludert wird, sind künftig folgende **Einzelangaben** zu machen:

- Umweltbelange: Treibhausgasemissionen, Wasserverbrauch, Luftverschmutzung, Nutzung erneuerbarer Energien, Schutz der biologischen Vielfalt;
- Arbeitnehmerbelange: Arbeitsbedingungen, Gesundheitsschutz, Gleichstellung der Geschlechter, Achtung der Arbeitnehmerrechte, Sicherheit am Arbeitsplatz;
- Sozialbelange: Dialog auf kommunaler und regionaler Ebene, Maßnahmen zugunsten lokaler Gemeinschaften;
- Achtung der Menschenrechte: Maßnahmen zur Verhinderung von Menschenrechtsverletzungen;

- Bekämpfung von Korruption und Bestechung: Darstellung der dazu eingesetzten Instrumente.

Für das Verständnis der **Auswirkungen** der Unternehmenstätigkeit auf die genannten Aspekte sind im Nachhaltigkeitsbericht zu beschreiben:

- die für die einzelnen Aspekte verfolgten Konzepte (Ziele, Maßnahmen) samt des angewandten Due-Diligence-Prozesses sowie der Ergebnisse,
- die wesentlichen Risiken, die mit der Geschäftstätigkeit und den Geschäftsbeziehungen des Unternehmens sowie mit seinen Produkten und Dienstleistungen verknüpft sind und die „sehr wahrscheinlich schwerwiegende negative Auswirkungen" auf die genannten Aspekte haben oder haben werden sowie der Umgang mit diesen Risiken;
- die wesentlichen nichtfinanziellen Leistungsindikatoren, die für die Geschäftstätigkeit des Unternehmens von Bedeutung sind.

Schließlich ist im Nachhaltigkeitsbericht auch auf folgende **unternehmensbezogenen Nachhaltigkeitsthemen** einzugehen:

- die Nachhaltigkeitsziele des Unternehmens und deren Umsetzung sowie die Unternehmenspolitik im Hinblick auf die Nachhaltigkeit,
- die Rolle der Verwaltungs-, Management- und Überwachungsorgane in Bezug auf Nachhaltigkeitsthemen,
- die angewandten Methoden, um negative Auswirkungen und Risiken der Unternehmenstätigkeiten auf Nachhaltigkeitsfaktoren zu identifizieren, zu minimieren und zu verhindern,
- existierende oder potenzielle nachhaltigkeitswidrige Einflüsse i.V.m. der Wertschöpfungskette des Unternehmens, seinen Produkten und Dienstleistungen, seinen Geschäftsbeziehungen und seiner Lieferketten sowie jede Aktion und deren Ergebnis, um die negativen Einflüsse zu verhindern, abzuschwächen oder abzuwehren,
- die Risiken, denen das Unternehmen hinsichtlich der Nachhaltigkeit ausgesetzt ist, einschließlich wesentlicher Abhängigkeiten und ihre Handhabung.

3.3 EU-Richtlinie über Nachhaltigkeitspflichten

Unabhängig von den vorgesehenen Berichtspflichten hat die EU-Kommission am 23.02.2022 den Vorschlag für eine eigene Richtlinie über die Nachhaltigkeitspflichten von Unternehmen vorgelegt. Es geht um die **Sorgfaltspflichten** in Bezug auf die Achtung der Menschenrechte, die Verhinderung oder Begrenzung des Klimawandels und die Auswirkungen der Unternehmenstätigkeiten auf die Umwelt. Die Sorgfaltspflichten sollen für alle EU-Gesellschaften mit beschränkter Haftung von erheblicher Größe und Wirtschaftskraft gelten, d.h. für Unternehmen mit mindestens 500 Beschäftigten und einem weltweiten Nettoumsatz von mindestens 150 Mio. €.

Darüber hinaus werden Gesellschaften mit beschränkter Haftung mit mehr als 250 Beschäftigten und einem weltweiten Netto-Umsatz von mindestens 40 Mio. € gleichermaßen verpflichtet, wenn sie mindestens 50 % ihres Umsatzes mit Textilien, Lederprodukten, Land-. Forst- und Fischereiwirtschaft, Abbau von mineralischen Rohstoffen und Herstellung von Grundprodukten erzielen. Für diese Unternehmen sollen die neuen Vorschriften zwei Jahre nach der Gültigkeit für die erstgenannten Unternehmen gelten. Die Vorschriften über die Nachhaltigkeitspflichten sollen auch für in der EU tätigen Unternehmen aus Drittstaaten gelten, die innerhalb der EU einen Umsatz in den genannten Höhen erwirtschaften.

Kleine und mittelgroße Unternehmen (KMU) fallen nicht direkt unter die neuen Vorschriften, doch gelten die Bestimmungen auch für Tochtergesellschaften und die Wertschöpfungsketten der direkt verpflichteten Unternehmen.

Die **Auswirkungen** auf die Unternehmensführung und damit auch auf deren Überwachung sind erheblich. Die Leitungsorgane der genannten Unternehmen und ihre Mitglieder haben neben ihrer Pflicht, im besten Interesse des Unternehmens zu handeln, bei ihren Entscheidungen die kurz-, mittel- und langfristigen Auswirkungen auf Menschenrechte, Klimawandel und Umwelt zu berücksichtigen. Um die Anforderungen erfüllen zu können, müssen Vorstand oder Geschäftsführer

- die Sorgfaltspflichten in ihre Unternehmenspolitik integrieren,
- tatsächliche oder potenzielle negative Auswirkungen auf die Menschenrechte und die Umwelt systematisch erfassen,
- potenzielle negative Auswirkungen ihrer Unternehmenstätigkeiten angeben, die gegen die wichtigsten Umweltübereinkommen verstoßen, verhindern oder abschwächen,
- tatsächliche negative Auswirkungen der Unternehmenstätigkeit auf Menschen und Umwelt abstellen oder sie auf ein Minimum reduzieren,
- ein Beschwerdeverfahren einrichten, damit Personen und Organisationen bei negativen Auswirkungen der Unternehmenstätigkeiten legitime Ansprüche einklagen können,
- die Wirksamkeit der Strategien und Maßnahmen zur Erfüllung der Sorgfaltspflicht kontrollieren und
- öffentlich über die Wahrnehmung ihrer Sorgfaltspflicht kommunizieren.

Die Unternehmen sollen sicherstellen, dass ihr Geschäftsmodell und ihre Strategie mit den **Nachhaltigkeitserfordernissen** und mit dem Pariser Abkommen zur Begrenzung der Erderwärmung auf 1,5° Celsius in Einklang stehen. Bei der Festlegung variabler Vorstandsvergütungen sollen Anreize zur Erreichung der Nachhaltigkeitsziele berücksichtigt werden.

Zur Durchsetzung der Nachhaltigkeitsvorschriften sollen die EU-Staaten eine nationale Aufsichtsbehörde benennen, die wirksame, verhältnismäßige und abschrecken Sanktionen einschließlich Geldbußen und Befolgungsanordnungen verhängen kann. Die Kommission wird ein EU-weites Netz der **Aufsichtsbehörden** einrichten, um ein abgestimmtes Vorgehen zu gewährleisten. Außerdem sollen die Mitgliedstaaten sicherstellen, dass Opfer für Schäden, die ihnen aus der Nichteinhaltung der Sorgfaltspflichten entstehen, entschädigt werden.

Kapitel G
FAQ – HÄUFIG GESTELLTE FRAGEN

1. Der Aufsichtsrat als Gremium 191
2. Eignung zum Aufsichtsrat 195
3. Die Routine der Aufsichtsratstätigkeit 202
4. Abschluss und Lagebericht 210
5. Sonstige Fragen 213

1 Der Aufsichtsrat als Gremium

1.1 Was ist der Aufsichtsrat?

Der Aufsichtsrat ist ein gesetzlich vorgeschriebenes **Organ der Aktiengesellschaft** und anderer Kapitalgesellschaften sowie der Genossenschaften, das in erster Linie ein anderes Organ des Unternehmens, nämlich den Vorstand oder die Geschäftsführung, überwachen soll. Man kann den Aufsichtsrat als Wächterrat oder Kontrollgremium bezeichnen, das bei der Überwachung meist so dezent vorgeht, dass Spuren einer Kontrolle schwer zu entdecken sind.

Mit „Aufsichtsrat" wird nicht nur das Gremium, sondern auch das einzelne **Mitglied** angesprochen. Das generische Maskulinum „Aufsichtsrat" bezeichnet alle Mitglieder des Aufsichtsrats. Um zu wissen, ob eine Aufsichtsrätin oder ein Aufsichtsrat gemeint ist, müssen Sie sich bei Diskussionen und bei der Lektüre auf den Sach- und Personenzusammenhang konzentrieren. Zur Erleichterung sind Rechte und Pflichten der Aufsichtsratsmitglieder geschlechtsneutral definiert.

Die **Anzahl** der Aufsichtsratsmitglieder einer Gesellschaft ist abhängig von der Höhe ihres Grundkapitals und von der Zahl ihrer Arbeitnehmer. Sie schwankt zwischen 3 und 21 Personen. Die Zusammensetzung des Aufsichtsrats nach Geschlecht, Gruppenzugehörigkeit und Expertise richtet sich weitgehend nach dem Aktiengesetz, der Satzung und den Mitbestimmungsgesetzen.

Das **Aufsichtsratsmandat** ist ein höchstpersönliches Amt, das der oder die Erwählte persönlich, zumindest aber selbst wahrnehmen muss. Es gibt keine stellvertretenden Aufsichtsräte. Die Last des Amtes trifft jedes Aufsichtsratsmitglied unabhängig von seiner vorhandenen oder fehlenden religiösen, sexuellen, fachlichen oder sonstigen Orientierung.

Das Aufsichtsratsmandat ist ein ehrenvolles Amt, aber keine ehrenamtliche Tätigkeit. Es ist als Nebentätigkeit konzipiert, für die eine Vergütung gewährt werden kann.

1.2 Was tut der Aufsichtsrat?

Bei einer Aktiengesellschaft muss der Aufsichtsrat

1. die Mitglieder des Vorstands für eine bestimmte Amtszeit bestellen, evtl. wiederbestellen oder unter unglücklichen Umständen abberufen und
2. deren Dienstverträge abschließen sowie
3. die Geschäftsführung des Vorstands überwachen.

Bei anderen Unternehmen beschränken sich die Aufgaben des Aufsichtsrats auf die **Überwachung der Geschäftsführung.** Grundlage der Überwachung ist insbesondere die regelmäßige Berichterstattung des Vorstands über die aktuelle Lage und Entwicklung des Unternehmens.

Zur Erledigung ihrer Aufgaben versammeln sich die Mitglieder des Aufsichtsrats regelmäßig oder ad hoc in **Sitzungen**, um zu diskutieren, zu beraten und Beschlüsse zu fassen. Die Zusammenkünfte der Aufsichtsräte finden unter Ausschluss der Öffentlichkeit statt. Über Ablauf, Inhalt und Unterlagen ihrer Beratungen haben die Teilnehmer Stillschweigen zu bewahren.

Vor, zwischen und nach den Sitzungen sind die Aufsichtsratsmitglieder in der Klausur des *Homeoffice* vor allem mit den Berichten des Vorstands über die Lage und Entwicklung des Unternehmens und mit Vorbereitungen für die nächste Aufsichtsratssitzung beschäftigt.

Der Aufsichtsrat einer Aktiengesellschaft muss der Hauptversammlung über seine Tätigkeit im abgelaufenen Geschäftsjahr schriftlich berichten. Die Aufsichtsratsmitglieder müssen in der **Hauptversammlung** stillschweigend anwesend sein.

1.3 Wie kann man Aufsichtsrat werden?

Aufsichtsrat kann man nicht einfach werden; man kann sich dafür allenfalls bei maßgeblichen Wahlberechtigten ins Gespräch bringen. Die größten **Berufungschancen** haben Inhaber von Spitzenpositionen in bekannten Unternehmen oder Organisationen, die wenig Zeit, aber hohes Ansehen haben. Vermittlungsagenturen für Aufsichtsräte gibt es offiziell nicht, wohl aber Berater, die prominenten Organmitgliedern des Zielunternehmens nahestehen und bei der Kandidatensuche helfen. Eine allgemeine Um- oder Anfrage „Benötigen Sie einen Aufsichtsrat?" bleibt meist unbeantwortet.

Gewählt werden die Aufsichtsratsmitglieder von den Aktionären oder Gesellschaftern bzw. von den Arbeitnehmern. Die **Wahl** der Aktionärs- oder Anteilseigner-Vertreter folgt i.d.R. den Vorschlägen des amtierenden Aufsichtsrats, die meist vom amtierenden Aufsichtsrats- und/oder Vorstandsvorsitzenden vorbereitet werden. Die Arbeitnehmervertreter werden in Abstimmung mit dem Betriebsrat und den im Unternehmen vertretenen Gewerkschaften zur Wahl gestellt.

Die Wahlberechtigten sind – soweit das Korsett der Mitbestimmung Luft lässt – an die Wahlvorschläge nicht gebunden, sie halten sich aber zur Vermeidung internen Ärgernisses in aller Regel daran.

1.4 Warum wird man Aufsichtsrat?

Aufsichtsrat wird man aus Ehrgeiz, aus Gewohnheit, aus Zwang, durch Erbschaft oder aus Versehen.

Im Normalfall verleitet der **Ehrgeiz** Spitzenkräfte dazu, sich um ein Aufsichtsratsmandat zu bemühen. Angestachelt werden sie durch das Bedürfnis, die eigene Unentbehrlichkeit durch den Beifall von Leuten, die sich für spitze halten, bestätigt zu sehen.

Für einen ambitionierten Manager ist es unnatürlich, dem **Lockruf** eines Aufsichtsratspostens auf Dauer zu widerstehen. Solcher Widerstand erzeugt Verklemmungen und lässt Beobachter über die widernatürliche Verschlossenheit der offenbar tauben Spitzenkraft spekulieren. Ein Aufsichtsratsmandat verspricht nämlich hohes Ansehen, entspannte Reisetätigkeit und Erholung vom Hauptberuf.

Aus der Haupttätigkeit einer Person kann der **Zwang** erwachsen, Mitglied eines Aufsichtsrats zu werden. Das betrifft insbesondere Top-Manager eines Mutterunternehmens, Bankenvertreter und Arbeitnehmer. Konzern-Manager werden in den Aufsichtsrat von Tochterunternehmen entsandt, um die Konzernführung durch das Mutterunternehmen zu demonstrieren. Bankenvertreter sollen zur Sicherung der Kredite als Aufsichtsratsmitglied die Kreditwürdigkeit überwachen. Arbeitnehmer und Gewerkschafter werden durch die Mitbestimmungsgesetze in die Aufsichtsräte der betroffenen Unternehmen gedrängt.

Auch **menschliche Beziehungen,** wie Verwandtschaft, Gefallen und familiäre Bande, können zu Aufsichtsratsmandaten führen. Häufig werden Aufsichtsratsmandate an den Nachfolger im Hauptberuf **vererbt**, weil man sich an die Bezugsquelle gewöhnt hat. Eine Berufung aus **Versehen** passiert selten, obwohl die Zufallsauswahl auch kompetente Überwacher treffen könnte.

1.5 Warum gibt es Arbeitnehmervertreter im Aufsichtsrat?

Für die Beteiligung der Arbeitnehmer an der Unternehmensaufsicht sprechen viele Argumente. Insbesondere geht es darum, dass bei der Überwachung der Geschäftsführung die Interessen der Arbeitnehmer (Arbeitsplatz, Entlohnung, Fortbildung) angemessen berücksichtigt werden. Im Übrigen haben die Mitbestimmungsgesetze dem Aufsichtsrat eine beachtliche Größe und für die Sitzungen einen strengen Ritus beschert.

Der sog. qualifizierten **Mitbestimmung**, bei der im Aufsichtsrat die Zahl der Anteilseigner Vertreter und der Arbeitnehmer gleich ist und aufseiten der Arbeitnehmer auch Vertreter von Gewerkschaften vertreten sind, gebührt der Verdienst, die Überwachung der Geschäftsführung zu einer kultischen Handlung veredelt zu haben.

Arbeitnehmervertreter tragen entscheidend zur Einhaltung der vorgeschriebenen Frauenquote und zur Verjüngung des Aufsichtsrats bei. Außerdem zeichnen sie sich durch intime **Betriebskenntnisse** aus, die bei Anteilseigner-Vertretern nicht oder nur oberflächlich vorhanden sind, aber für gute Aufsichtsratsbeschlüsse hilfreich oder auch notwendig sind.

2 Eignung zum Aufsichtsrat

2.1 Eigne ich mich zum Aufsichtsrat?

Die Frage ist bedenkenlos zu bejahen, wenn Sie es an die Spitze eines größeren Unternehmens oder einer anderen Organisation geschafft haben und die Frage nach Ihrer Kompetenz für absurd halten. Dauernde Terminnot und Zeitmangel sollten Sie nicht von einer Kandidatur abhalten. Darunter leiden alle prominenten Aufsichtsratsmitglieder. Dieses Zeichen allgemeiner Unentbehrlichkeit fördert das Ansehen und die eigene Zufriedenheit.

In uneingeweihten Kreisen hält sich hartnäckig das Gerücht, dass die Wahl zum Aufsichtsratsmitglied besondere Kenntnisse und Erfahrungen voraussetzt. Vergessen Sie diese abschreckende Vorstellung. Aufsichtsräte lernen durch die Praxis **(Learning by Doing)**. Aufsichtsrat ist ein so hohes Amt, bei dem Sachkenntnisse sogar hinderlich sein können. Wohlgemeinte Ausbildungskurse für Aufsichtsräte scheitern oft an mangelnder Nachfrage.

Der Aufsichtsrat muss von dem Geschäft des Unternehmens nichts verstehen, denn er muss die Geschäfte nicht tätigen, sondern nur deren Führung überwachen. Damit dies unbefangen geschieht, verzichten die meisten Aufsichtsratsmitglieder darauf, sich näher mit dem Produktions- oder Leistungsprogramm des Unternehmens zu befassen. Ein produktbezogenes Interesse der Aufsichtsratsmitglieder, die Konsum- und Gebrauchsgüter des Unternehmens mit Firmenrabatt beziehen möchten, wird aber toleriert.

2.2 Was muss ich als Kandidat oder Mitglied beachten?

Als Aspirant sollten Sie **prüfen**, ob der angebotene Aufsichtsratsposten geeignet ist, Ihr Ansehen zu vergrößern. Im Allgemeinen verleihen börsennotierte Unternehmen dem Aufsichtsrat eine größere Reputation als schlichte Gesellschaften mit beschränkter Haftung.

Ruf und Lage der Zielgesellschaft sollten Ihrem Rang entsprechen. Bestehen Sie vor Ihrer Zusage zum Aufsichtsratsmandat auf der Aushändigung des letzten Geschäftsberichts des Unternehmens und fragen Sie einen Banker, einen Wirtschaftsjournalisten oder eine wirtschaftsnahe Person Ihres Vertrauens, ob über das Unternehmen und die Mitglieder seiner Verwaltungsorgane signifikant Nachteiliges bekannt oder zu befürchten ist. Das schützt zwar nicht vor Enttäuschungen, beweist aber Sorgfalt und verschafft Ihnen ein gutes Gewissen, wenn Sie die rational ohnehin nicht nachvollziehbare Entscheidung treffen.

Wenn das von Ihnen betroffene Unternehmen wirtschaftlich nicht reüssiert oder seine Kreditwürdigkeit Anlass zur Sorge gibt, sollten Sie sich zurückhalten oder sich bei Anzeichen einer bemerkenswerten Erfolgsstörung rechtzeitig zurückziehen.

2.3   Wie viele Aufsichtsratsmandate darf ich wahrnehmen?

Das Ansehen der wie immer gearteten Aufsichtsratsmitglieder steigt mit der Anzahl ihrer Aufsichtsratsmandate. Die damit verbundene größere Distanz vom Hauptberuf, die sich nur Spitzenkräfte leisten können, erzeugt bei Unbeteiligten Bewunderung und Hochachtung, bei Kollegen sogar neidvollen Respekt.

Ehrgeizige Spitzenkräfte zeichnet daher ein ungezügeltes Verlangen nach Aufsichtsratsmandaten aus. Da das erste Aufsichtsratsmandat automatisch die Brauchbarkeit für weitere Aufsichtsratsposten ausdrückt, neigen Anfänger beim ersten Mandat zu Zugeständnissen, um möglichst rasch in die exklusive Liga der Multi-Aufsichtsräte (LMA) aufgenommen zu werden und mit deren Rückenwind weitere Mandate sammeln zu können. Mit drei konzernunabhängigen Aufsichtsratsposten gilt man als respektabler, bei fünf und mehr Mandaten als professioneller Aufsichtsrat.

Mit zunehmender Mandatszahl werden Sie größeren Unternehmen zugemutet, was mit größerem Prestige verbunden ist und Ihren professionellen, kulturellen und touristischen Horizont erweitern kann.

Wenn Sie die gesetzlich zulässige Höchstzahl der Aufsichtsratsmandate erreichen, müssen Sie Ihr **Mandatsportfolio optimieren.** Selektieren Sie die vorhandenen Mandate und neue Angebote nach der

- Affinität zum Unternehmen, soweit Sie der Emotionalität Raum geben wollen,
- Güte der Betreuung durch Vorstand und Gesellschaft, wenn Sie die menschliche Seite betonen möchten, oder nach der
- Höhe der Vergütung, wenn Sie rational handeln.

2.4   Wie groß ist die zeitliche Beanspruchung?

Die Frage ist vor und nach der Wahl zum Aufsichtsrat unterschiedlich zu beantworten.

Wenn Sie einen Vorgesetzten oder den Aufsichtsrat Ihres Unternehmens fragen müssen, ob Sie einen Aufsichtsratsposten annehmen dürfen, werden Sie unweigerlich nach der zeitlichen Beanspruchung gefragt. Spielen Sie die Aufsichtsratstätigkeit als unbedeutende Nebenbeschäftigung herunter und bezeichnen Sie die Ihnen unbekannte Lage des Unternehmens als völlig unproblematisch. Wenn Sie das Amt angenommen haben, fragt niemand mehr nach.

Werden Sie als bestelltes Aufsichtsratsmitglied nach Ihrer Aufsichtstätigkeit befragt, sind Sie es dem hohen Ansehen der Aufsichtsräte schuldig, von einer enormen zeitlichen und geistigen Beanspruchung durch das Amt zu sprechen.

2.5   Wie lässt sich der Zeitaufwand abschätzen?

Der Aufsichtsrat muss **zwei Sitzungen** im Kalenderjahr, also vier Sitzungen im Jahr abhalten. Bei nicht börsennotierten Unternehmen kann der Aufsichtsrat beschließen, dass er mit einer Sitzung pro Kalenderjahr genug hat. Eine höhere Sitzungsfrequenz deutet entweder auf ernsthafte Schwierigkeiten des Unternehmens oder auf eigensinnigen Ehrgeiz des Aufsichtsratsvorsitzenden. In beiden Fällen ist ernsthaft zu befürchten, dass die Überwachungstätigkeit des Aufsichtsrats in Arbeit ausartet. Wenn Sie die vermeiden wollen, sollten Sie das betroffene Mandat nicht annehmen oder so bald wie möglich aufgeben.

Eine straff geleitete **Aufsichtsratssitzung** dauert – einschließlich Begrüßung, Platzsuche, Aus- und Einpacken von Unterlagen und Beachtung von Hygienevorschriften – mindestens drei bis vier Stunden.

Soweit Sie wie routinierte Aufsichtsratskollegen auf das Studium von Unterlagen oder sonstige **Vorbereitungen** ganz oder teilweise verzichten oder diese während der Anreise oder in der Sitzung erledigen, ist insoweit kein zusätzlicher Zeitaufwand zu kalkulieren.

Zur Verkürzung der Aufsichtsratssitzung finden bei mitbestimmten Aufsichtsräten am selben Tag oder am Vortag getrennte **Vorbesprechungen** der Anteilseigner- und der Arbeitnehmervertreter statt, in denen akute Aufsichtsratsthemen zielgruppenorientiert vorgestellt, diskutiert und möglichst zu einem konsensfähigen Kompromiss getrieben werden, sodass die nachfolgende Aufsichtsratssitzung auf die notwendigen rituellen Handlungen beschränkt werden kann.

Die Vorbesprechung dauern oft länger als die eigentliche Aufsichtsratssitzung, weil die Vertretergruppen unter sich ungenierter und ausführlicher diskutieren als in Anwesenheit der anderen Gruppe. Sie sollten für Vorbesprechung und Aufsichtsratssitzung mit insgesamt sechs Stunden rechnen.

Für das obligatorische **Festmahl** vor oder nach der Aufsichtsratssitzung dürfen Sie nicht weniger als zwei Stunden ansetzen.

Neben der Zeit, die man – meist in ungesunder Sitzposition – in Aufsichtsratssitzungen, Vorbesprechungen oder beim Aufsichtsratsmahl verbringt, ist jeweils die Dauer der **An- und Rückreise** zu berücksichtigen. Bei wenig entlegenem Heimatort dürften vier Stunden je Sitzung für eine Durchschnittskalkulation angemessen sein.

Sie müssen also davon ausgehen, dass eine Aufsichtsratssitzung nebst An- und Abreise und Nahrungsaufnahme mindestens einen Tag kostet. Allein die ordentlichen Sitzungen beanspruchen pro Jahr mindesten vier volle Arbeitstage. Bei ungünstiger Disposition der Vorbesprechungen und für außerordentliche Aufsichtsratssitzungen können leicht zwei bis drei Tage hinzukommen.

Weiteren Zeitaufwand erfordert die Mitgliedschaft in einem **Aufsichtsratsausschuss**, der – je nach Thema und Problematik – mit zwei bis vier Tage pro Jahr nicht zu hoch veranschlagt ist.

Zwischen den Aufsichtsratssitzungen beanspruchen die Entgegennahme, evtl. Durchsicht und die Sicherheitsverwahrung der monatlich oder vierteljährlich zugesandten Vorstandsberichte sowie sonstige Vor- und Nachbereitungen der Sitzungen (z.B. Absage der Teilnahme oder Dankschreiben für die gute Betreuung) weiteren Zeitaufwand. Pauschal kann dafür ein halber Tag je Monat in Rechnung gestellt werden.

Als Dank und Anerkennung für die Wahl zum Aufsichtsrat erwarten Aktionäre oder Gesellschafter, dass sämtliche Aufsichtsratsmitglieder an der **Hauptversammlung** teilnehmen. Sie dauert bei Publikumsgesellschaften gut und gern vier bis fünf Stunden. Sie müssen hierfür nebst An- und Abreise einen Tag häuslicher Abwesenheit einkalkulieren. Mit der Hauptversammlung wird oft eine relativ kurze Aufsichtsratssitzung verbunden.

Damit summiert sich der jährliche Mindestzeitaufwand für das gemeine Mitglied in einem paritätisch besetzten Aufsichtsrat auf drei bis vier Arbeitswochen pro Jahr.

2.6 Wie stark muss ich mich als Aufsichtsratsmitglied engagieren?

Um den Vorwurf mangelhaften Engagements zu vermeiden, wird ambitionierten Aufsichtsratsmitgliedern geraten, wenigstens bei der Hälfte der jährlichen Aufsichtsratssitzungen persönlich anwesend zu sein, da ihre Abwesenheit publik gemacht wird.

Als aufmerksamer Überwacher sollten Sie wenigstens einmal jährlich in der Aufsichtsratssitzung eine kritische Frage stellen. Nutzen Sie den üblichen Sitzungsleerlauf, um sich passende Fragen auszudenken. Lernen Sie von enervierenden Fragen Ihrer Kollegen.

Viele Aufsichtsräte wollen möglichst häufig im Protokoll erwähnt werden, weil dies als Zeichen intensiver Mitarbeit gewertet werden kann. Die Erwähnung setzt auffällige Interessenbekundungen und eine gewisse Originalität der Fragen oder Feststellungen voraus. Wenn Sie die Diskussion um möglichst fernliegende oder absurde Aspekte des gerade behandelten Themas bereichern, beweist das die Breite und Tiefe Ihrer Erfahrungen.

2.7 Muss ich als Aufsichtsrat mit besonderen Problemen rechnen?

Als einfaches Mitglied haben Sie in einem mit mehr als sechs Personen besetzten Aufsichtsrat nicht zu befürchten, dass Ihr Mandat mit einer unangenehmen Verantwortung verbunden ist. Selbst im Krisenfall des zu überwachenden Unternehmens ist es nahezu ausgeschlossen, dass einem einzelnen Aufsichtsratsmitglied eine nahegehende Verantwortlichkeit zugerechnet werden kann, sodass Sie im schlimmsten Fall auf Unzurechnungsfähigkeit und mildernde Umstände plädieren können.

Dennoch kann es Ärger geben, wenn die unbefriedigende Entwicklung des Unternehmens zu Dividendenausfällen oder zur unerwarteten Insolvenz des Unternehmens führt. In Reflexion auf Ihre eigenen Leistungen rechnen die meisten Aufsichtsratsmitglieder mit einer erfolgreichen Geschäftsführung des Vorstands. Ihre Überwachung ist daher nicht auf mögliche Unternehmenszusammenbrüche ausgerichtet. Dennoch sollten Sie bei zunehmenden Anzeichen einer Unternehmenskrise besonnen überlegen, wie Sie etwaigen Schaden von sich abwenden können.

Vor diesem Hintergrund muss eine exponierte Stellung als Vorsitzender des Aufsichtsrats oder eines Aufsichtsratsausschusses sorgfältig bedacht werden.

2.8 Kann ich mit einer angemessenen Vergütung rechnen?

Die Vergütung der Aufsichtsratsmitglieder wird von der Hauptversammlung bestimmt und i.d.R. in der Satzung festgelegt.

Die Aufsichtsratsvergütung soll in einem angemessenen Verhältnis zu den Aufgaben der Aufsichtsratsmitglieder sowie zur Lage und zum Erfolg der Gesellschaft stehen. Der Aufsichtsratsvorsitzende erhält meist das Doppelte der Vergütung für das einfache Aufsichtsratsmitglied, sein Stellvertreter das Anderthalbfache. Fragen Sie nach, ob und wie die Ausschussmitgliedschaft berücksichtigt wird.

Sie können davon ausgehen, dass die Güte der Unternehmensentwicklung von den Verantwortlichen üblicherweise überschätzt wird. Auch die Leistungskomponente ist leicht überwindbar, da die Aufsichtsratsleistung nicht näher quantifizierbar ist und von Außenstehenden hoch geschätzt wird.

Andererseits müssen Sie davon ausgehen, dass die Vergütung eines einzelnen Aufsichtsratsmitglieds die Bezüge eines ordentlichen Vorstandsmitglieds des von Ihnen betroffenen Unternehmens nicht übersteigt. Da die Aufsichtsratstätigkeit vom Gesetzgeber als Nebentätigkeit konzipiert ist, der Aufsichtsrat also in Teilzeit beschäftigt ist, könnten 2 bis 5 % der durchschnittlichen Vorstandsvergütung ein Maßstab sein.

3 Die Routine der Aufsichtsratstätigkeit

3.1 Wie läuft eine Aufsichtsratssitzung ab?

Die Aufsichtsratssitzung ist eine **rituelle Veranstaltung,** die bei paritätisch bevölkerten Aufsichtsräten orthodoxe Züge angenommen hat. Für die Teilnehmer gilt eine nach Anteilseigner- und Arbeitnehmervertretern getrennte Sitzordnung. Sie erleichtert Orientierung und Grundhaltung der Aufsichtsratsmitglieder.

Die Sitzung wird vom Vorsitzenden des Aufsichtsrates nach einer festgelegten **Tagesordnung** zelebriert. Beginn und Ende der Sitzung sind unabhängig von der Tagesordnung durch die Zeiten der An- und Abreise prominenter Aufsichtsratsmitglieder bestimmt.

Die Rollenverteilung unter den Anwesenden sowie die unerlässlichen Solovorträge werden durch Tradition oder in den Vorbesprechungen festgelegt.

Damit Sie nachlesen können, was Ihnen in der Sitzung entgangen ist, wird über jede Sitzung eine Niederschrift angefertigt.

Eine ungetrübte Aufsichtsratssitzung läuft wie folgt ab:

(1) Nachdem der Vorsitzende des Aufsichtsrats standesgemäß als Letzter eingetroffen ist, begrüßt er die anwesenden Aufsichtsratsmitglieder, die eingeladenen Mitglieder des Vorstands sowie ggf. die als Sachverständige ein- oder vorgeladenen Gäste, wie Protokollführer, Dolmetscher und Abschlussprüfer. Nach der **Begrüßung** eröffnet er die Sitzung mit der Feststellung, dass zur Sitzung form- und fristgerecht eingeladen worden und der Aufsichtsrat beschlussfähig ist, weil die Hälfte der Aufsichtsratsmitglieder erschienen ist (§ 108 Abs. 2 AktG).

(2) Der erste Punkt der Tagesordnung ist die **Genehmigung des Protokolls** der vorhergehenden Aufsichtsratssitzung. Da Erinnerungs- und Wahrnehmungsvermögen der Aufsichtsräte bei der Fülle ihrer Haupt- und Nebentätigkeiten schnell an ihre Grenzen stoßen, werden selten Änderungsvorschläge zum Protokoll verlangt. Ab und zu wollen Gewerkschaftsvertreter kapitalistische Gräueltaten protokolliert sehen.

(3) Unter dem nächsten Tagesordnungspunkt **berichtet der Vorstand** meist optimistisch zur wirtschaftlichen Lage und Entwicklung der Gesellschaft. Nach der anschließenden Fragestunde, die i.d.R. 15 Minuten dauert, ergehen sich redefreudige Anteilseigner-Vertreter in volkswirtschaftlichen und globalen Kommentaren, während sich die Arbeitnehmervertreter in betrieblichen Einzelheiten verlieren, die sie meist besser kennen als der Vorstand.

(4) Nach Ablauf der vorab kalkulierten Zeit erklärt der Vorsitzende die Aussprache für beendet und ruft als nächsten Tagesordnungspunkt die **routinemäßigen Themen** der ordentlichen Aufsichtsratssitzung auf (Kapitel B.5.2.2), die dank guter Vorbereitung durch Vorstand und Aufsichtsratsvorsitzenden meist zügig abgewickelt werden.

(5) Danach geht es um **genehmigungspflichtige Geschäfte,** wie z.B. Prokura-Erteilung an Personen, die kein Aufsichtsratsmitglied kennt, Verkauf von Unternehmensbeteiligungen oder Dachreparatur bei einem Fahrradschuppen, der den Arbeitnehmervertretern sehr am Herzen liegt.

(6) Wenn keine **Personalia** (z.B. Wiederbestellung oder Beurlaubung eines Vorstandsmitglieds, Festlegung der Vergütung, Verabschiedung von Kollegen) und keine routinemäßigen Tagesordnungspunkte (Kapitel B.5.3.2) zu behandeln sind, ist man bei dem wichtigsten Tagesordnungspunkt „Sonstiges" angelangt.

(7) **Sonstiges** betrifft Heikles und Verschiedenes, z.B. komplizierte Projekte und riskante Vorhaben, die für den Fortbestand des Unternehmens zu wichtig und vertraulich sind, um sie in der Tagesordnung gesondert anzukündigen oder vor der Sitzung bekannt zu machen.

Der im Sitzungsverlauf steigende Druck der Abreisetermine der Aufsichtsräte beschleunigt noch anstehende Beschlussfassungen. Die Entscheidung über den Termin der nächsten Aufsichtsratssitzung wird – soweit nicht früher bestimmt – meist mit dem Beschluss verkürzt, dass die Terminabsprache über die Sekretariate und andere Pflegestationen fernmündlich erfolgen soll.

(8) Mit ergreifenden **Schlussworten** des Vorsitzenden (Dank für die rege Teilnahme aller Anwesenden und Einladung zum anschließenden Essen) wird die Sitzung beendet.

3.2 Gibt es gravierende Beschlussfassungen?

Die Aufsichtsratstätigkeit ist generell so wichtig, dass alle zu fassenden Beschlüsse als gravierend einzustufen sind. Es gibt aber periodische wiederkehrende Ereignisse, die besondere Überlegungen erfordern.

Eine der wichtigsten Entscheidungen des Aufsichtsrats betrifft die alle vier bis fünf Jahre fällige **Neu- oder Wiederbestellung** eines Vorstandsmitglieds. Üblicher Weise wird ein amtierendes Vorstandsmitglied, das noch nicht das Pensionsalter erreicht hat, automatisch wiederbestellt. Aber auch die Bestellung eines neuen Vorstandsmitgliedes lässt sich rasch bewerkstelligen, wenn dem Aufsichtsratsplenum ein Kandidat präsentiert wird, den sich die Vorsitzenden von Vorstand und Aufsichtsrat ausgesucht haben. Insofern beeinträchtigt der Tagesordnungspunkt „Personalia" den zügigen Ablauf der Aufsichtsratssitzung kaum.

Damit die künftige Entwicklung der Gesellschaft vom Aufsichtsrat nicht vergessen wird, hat der Gesetzgeber vorgesehen, dass dem Aufsichtsrat zumindest die Eckdaten der **Unternehmensplanung** zur Genehmigung vorgelegt werden. Sie sind das unerbittliche Soll, an dem während des laufenden Geschäftsjahres die tatsächliche Entwicklung des Unternehmens gemessen und vom Vorstand kommentiert wird. Die Diskussion darüber wird im Laufe des Geschäftsjahrs mit zunehmenden Abweichungen von Soll und Ist brisanter.

Da kleinliche Einzelheiten dem hohen Aufsichtsorgan wenig angemessen sind und bei großer Anzahl der Aufsichtsratsmitglieder leicht verloren gehen können, beschränkt sich die Vorlage häufig auf jene Eckdaten der Planung, die der Vorstand bereits in vertraulichen Gesprächen privilegierten Finanzanalysten und Investmentbankern mitgeteilt hat. Spätestens an dieser Stelle lernt das unerfahrene Aufsichtsratsmitglied, dass die unersättlichen Informationswünsche potenzieller Investoren vom Vorstand wichtiger genommen werden als neugierige Fragen der Aufsichtsräte. Der Fachmann spricht von wichtigen *Investors Relations*.

Die **laufende Berichterstattung** des Vorstands ist der verkürzten Form der Unternehmensplanung angepasst, um den Blick für das Wesentliche zu stärken.

3.3 Was mache ich mit schriftlichen Unterlagen?

Grundsätzlich: In jedem Fall geheim halten und sorgfältig wegschließen und spätestens nach Fristablauf zurückgeben oder vernichten.

Der Vorstand berichtet über die geschäftliche Entwicklung des Unternehmens zwischen den Aufsichtsratssitzungen monatlich oder zumindest vierteljährlich. Es ist üblich, an alle Aufsichtsratsmitglieder per Brief oder Paket oder in elektronischer Form zu berichten. Die sofortige Archivierung, der Postwurf- oder E-Mail-Sendungen, die allerdings kostspieligen Stauraum beansprucht oder die kurzfristige, Übermut erfordernde Vernichtung der Berichte, wird als wirtschaftlichste Form der Bearbeitung eingesehen.

Eine kritische Durchsicht der **Monatsberichte** ist dennoch wünschens- und lobenswert. Bedenken Sie aber, dass Vorstandsmitglieder schreckhaft reagieren, wenn sie zwischen den Aufsichtsratssitzungen auf den Monatsbericht angesprochen oder zu Einzelheiten befragt werden. Wenn Sie an aktuellen und aufbereiteten Informationen interessiert sind, lesen Sie die Wirtschaftspresse.

Sonstige Schriftstücke, die außerhalb der Sitzungen an Aufsichtsratsmitglieder gelangen, enthalten entweder wichtige Mitteilungen wie die Einladung zur nächsten Aufsichtsratssitzung oder höchst Unangenehmes, wie die Mitteilung über die Zahlungsunfähigkeit des Unternehmens. Sie sind nicht anders zu behandeln wie die regelmäßigen Berichte des Vorstands.

Im Interesse harmonischer Zusammenarbeit von Vorstand und Aufsichtsrat wird die Vorlage von **Beschlussunterlagen** nach der Bedeutung des Sachverhalts abgestuft. Vorab versandte Unterlagen betreffen unproblematische Routineangelegenheiten. Bei heiklen oder schwierigen Themenstellungen werden aus Gründen der Vertraulichkeit Tischvorlagen bevorzugt. Verstehen Sie die spontane Präsentation kritischer Daten und Vorhaben als Kompliment an Ihre rasche Auffassungsgabe.

Trotz der gebotenen Vertraulichkeit kann es passieren, dass Ihnen konfliktgeladene und sensible **Sitzungsvorlagen** vor der Sitzung zugeleitet werden. Ihre Bearbeitung hängt davon ab, ob Sie selbst Experte sind oder auf einen verschwiegenen und sachkundigen Assistenten zurückgreifen können, der dazu qualifizierte Fragen oder Kommentare formulieren kann, die Sie bei Bedarf oder Stimmung in der Aufsichtsratssitzung vortragen können. Anderenfalls sollten Sie die Vorlagen im häuslichen Tresor ablegen und auf zusätzliche Erläuterungen in der Aufsichtsratssitzung warten. Sie können sich darauf verlassen, dass Ihnen die sicher verwahrten Unterlagen in der anschließenden Aufsichtsratssitzung vom Vorstand in aktualisierter Form nochmals vorgelegt werden.

3.4   Wie bereite ich mich auf eine Aufsichtsratssitzung vor?

Planen Sie Zeitpunkte und Art der An- und Abreise so, dass Sie ausgeruht am Zielort ankommen. Überlegen Sie rechtzeitig Ihre passende Kleidung. Vergessen Sie nicht Ihr Hörgerät und Unterhaltungsmaterial, um Reisen und Sitzung kurzweilig durchzustehen.

Zweckmäßigerweise sollten Sie das **Einladungsschreiben** bei der Anreise mitführen, um bei Orientierungsschwierigkeiten hilfsbereiten Personen Reiseziel und vorgesehene Ankunftszeit nennen zu können. Umsichtige Aufsichtsratsmitglieder vergewissern sich spätestens während der Anreise, welche Gesellschaft die bevorstehende Sitzung betrifft. Lesen Sie dazu die Einladung oder rufen Sie bei Zweifel Ihre Sekretärin an. Im Notfall wenden Sie sich nach Ankunft am Tagungsort an geeignete Auskunftspersonen, wie Bahnhofsmission, Gewerbeamt oder Taxifahrer.

Wenn im Gepäck noch Platz ist, kann die Mitnahme der **Tagesordnung** nicht schaden, um vom Sitzungsverlauf nicht völlig überrascht zu werden. Sonstige Sitzungsunterlagen, wie Kissen oder Ruhepolster, gehören nicht ins Reisegepäck; sie sollten Ihnen auf Wunsch vor Ort zur Verfügung gestellt werden. Das gilt gleichermaßen für die Ihnen zugesandten Sitzungsunterlagen, die vor Ort in aktueller Form erhältlich sind.

3.5 Muss ich an Vorbesprechungen teilnehmen?

Bei mitbestimmten Aufsichtsräten finden vor jeder Aufsichtsratssitzung gesonderte Vorbesprechungen der Anteilseigner und der Arbeitnehmer statt. Ihr profaner Zweck ist, kritische Themen so ausgiebig zu erörtern, dass die gemeinsame Aufsichtsratssitzung von langatmigen Diskussionen freigehalten werden kann.

Wenn Sie unabhängig sind, was für jedes Aufsichtsratsmitglied selbstverständlich unterstellt wird, müssen Sie zur Vorbesprechung nicht unbedingt erscheinen. Sie können dann ungenierter die Fragen stellen, die nach dem Ergebnis der Vorbesprechungen in der eigentlichen Aufsichtsratssitzung nicht gestellt werden sollen. Das macht Sie in den Augen der Kollegen dynamisch, in den Augen der Meinungsbildner aber unbeherrschbar. Etwaige Konsequenzen sollten Sie bedenken.

Auf der anderen Seite beweist die Teilnahme an den Vorbesprechungen die Solidarität mit den Kollegen. Daher sind die Arbeitnehmervertreter meist vollständig versammelt, während die Anteilseigner-Vertreter dazu neigen, ihre hier unangebrachte Selbstständigkeit zu demonstrieren.

3.6 Wie verhalte ich mich während der Sitzung?

Sie dürfen nicht erwarten, dass Aufsichtsratssitzungen sonderlich unterhaltsam sind. Wenn die erste Neugierde befriedigt worden ist, fällt es auch dem Neuling schwer, während der gesamten Sitzungsdauer uneingeschränktes Interesse zu zeigen. Daher sollten Sie dem Aufsichtsratsvorsitzenden zu Beginn Ihrer Amtszeit vertraulich mitteilen, dass Sie an Blasenschwäche leiden und daher öfters den Sitzungsraum verlassen müssen. Sie gewinnen damit eine beliebig nutzbare Bewegungsfreiheit.

Nach Eingewöhnung können Sie bei langweiligen Tagesordnungspunkten mit folgenden Aktivitäten **Zerstreuung** finden:

– Erwecken Sie den Eindruck intensiver Arbeit, indem Sie unternehmens- oder sachfremde Akten studieren oder Ihre Reisekostenabrechnung vorbereiten.
– Lassen Sie sich während der Sitzung anrufen, um interessante Informationen, wie Fußballergebnisse, abzuhören.

– Zerlegen Sie Ihren Kugelschreiber oder erkunden Sie die vielfältigen Apps Ihres Handys. Wenn Sie der Lärmpegel in der Aufsichtsratssitzung stört, verlassen Sie dazu den Sitzungsraum.

In manchen, vor allem konsumnahen Unternehmen werden die Aufsichtsräte durch **kleine Geschenke** daran erinnert, dass sie honorige Gäste im Unternehmen sind. Es wäre unaufmerksam, wenn Sie sich nicht sofort nach Sitzungsbeginn diesen Geschenken widmen. Vermeiden Sie aber unnötige Geräusche beim Auspacken und bei der Inbetriebnahme oder beim Verzehr, und unterdrücken Sie Ausrufe des Entzückens oder der Enttäuschung. Diskutieren Sie unauffällig mit Ihrem Nachbar die Gebrauchsanweisung oder den Austausch, wenn Ihnen sein Geschenk besser gefällt als das Ihre.

Versuchen Sie dennoch, den Verhandlungen der Sitzung so weit zu folgen, dass Sie nicht durch unerwartete Fragen oder plötzliche **Beschlussfassungen** aufgeschreckt werden. Sie sollten wissen, welchen Tagesordnungspunkt sie betreffen. Wenn Sie abgelenkt sind, stimmen Sie sich mit ihren Sitznachbarn über rechtzeitige Hinweise oder Weckrufe ab.

3.7 Was bedeutet die Entlastung der Aufsichtsräte?

Mit Entlastung ist nicht die Ab- oder Rückgabe von schwergewichtigen Sitzungsunterlagen oder Berichten gemeint. Es geht vielmehr um den Zu- und Freispruch für Ihre geleistete Aufsichtsratstätigkeit.

Die Entlastung des Aufsichtsrates erfolgt durch die Hauptversammlung, und zwar trotz gegenteiliger Empfehlung des DCGK meist kollektiv für den Aufsichtsrat als Gesamtheit. Sie ist Routine, wie die Wiederbestellung eines Vorstandsmitglieds und im Übrigen eine Imagefrage. Die Verweigerung der Entlastung hat keine unmittelbaren rechtlichen Folgen. Sie wirkt aber negativ auf den Ruf der Aufsichtsräte und erzeugt bei diesen ein ungutes Gefühl.

3.8 Wie läuft eine Hauptversammlung ab?

Die zumindest jährlich wiederkehrende Hauptversammlung mit der stillen und disziplinierten Teilnahme aller Aufsichtsratsmitglieder kann bei Publikumsgesellschaften bis zu sechs Stunden dauern. Während sich die Aktionäre und die anderen Gäste in den angrenzenden Wandelgängen ergehen können, wird von Aufsichtsratsmitgliedern erwartet, dass sie still an ihrem zugewiesenen Platz ausharren.

Hauptthema der Versammlung sind die für die Aufsichtsratsmitglieder mehr oder weniger bekannten Erläuterungen des Vorstands, zur Lage und Entwicklung des Unternehmens sowie zum Jahres- und Konzern-Abschluss. Es folgen die – meist mit dem Vorstand abgesprochenen – Kommentare und Fragen der professionellen Aktionärsvertreter. In deren Mittelpunkt stehen Erkundigungen zu Sachverhalten, die im Geschäftsbericht dargestellt sind, aber nicht gelesen wurden.

Von Fall zu Fall hat die Hauptversammlung über weitere Tagesordnungspunkte zu entscheiden, z.B. Bestellung von Aufsichtsratsmitgliedern oder des Abschlussprüfers, Satzungsänderungen, Maßnahmen zur Kapitalbeschaffung oder -herabsetzung (§ 119 AktG). Für Sie als Aufsichtsrat wichtige Punkte sind die Entlastung für das abgelaufene Geschäftsjahr und ggf. Ihre Wiederwahl.

4 Abschluss und Lagebericht

4.1 Muss ich mich mit dem Jahresabschluss befassen?

Die schlechte Nachricht lautet: ja. Jedes Aufsichtsratsmitglied muss den Jahresabschluss und den Lagebericht und ggf. auch den Konzern-Abschluss und Konzern-Lagebericht prüfen. Die Abschlussprüfung wird i.d.R. durch die Entgegennahme und Lektüre des Prüfungsberichtes des Abschlussprüfers und durch die in der Bilanzsitzung kollektiv getroffene Feststellung vollzogen, dass gegen die Feststellungen des Abschlussprüfers nichts einzuwenden ist.

Überzeugen Sie sich davon, dass der **Bestätigungsvermerk des Abschlussprüfers** (er findet sich regelmäßig am Ende des Prüfungsberichtes) keine Vorbehalte und Einschränkungen enthält. Wenn Sie unsicher sind, fragen Sie den Abschlussprüfer, der zwangsweise an der Bilanzsitzung des Aufsichtsrates teilnimmt.

Macht der Abschlussprüfer wesentliche **Vorbehalte** gegen Abschluss und Lagebericht geltend, sollten Sie gleiche Vorbehalte zu Protokoll geben, um etwaige Haftung auszuschließen. Zögern Sie nicht, den Abschlussprüfer nach Gründen und Ursachen intensiv zu befragen. Überraschen Sie Ihre Kollegen in der Bilanzsitzung des Aufsichtsrats mit der Frage, ob der Jahresabschluss in allen Belangen dem Interesse des Unternehmens entspricht, da Sie ja nicht nur die Recht- und Ordnungsmäßigkeit, sondern auch die Wirtschaftlichkeit und Zweckmäßigkeit von Abschluss und Lagebericht prüfen müssen.

4.2 Welche Bedeutung hat der Jahresabschluss?

Der **Jahresabschluss** ist die jährlich wiederkehrende Offenbarung des Vorstands über Geschäftsverlauf und Zustand des Unternehmens. Er dient zur Ermittlung des ausschüttungsfähigen Gewinns und zur Rechenschaft der Unternehmensverwaltung gegenüber den Eigentümern und den übrigen Stakeholdern des Unternehmens. Der Abschluss ist von einem sachverständigen Dritten, dem Abschlussprüfer, zu prüfen, der dessen Recht- und Ordnungsmäßigkeit entweder uneingeschränkt oder mit Einschränkung oder nicht bestätigt.

Für die Aktionäre und die sonstige Öffentlichkeit, die mit dem nackten Jahres- oder Konzern-Abschluss nichts Rechtes anfangen können, wird der Abschluss in einen schicken **Geschäftsbericht** verpackt, dessen Seriosität durch das Konterfei des Aufsichtsratsvorsitzenden verbürgt wird. Der Geschäftsbericht überspielt die abstoßende Nüchternheit des Abschlusses mit ansprechenden Grafiken, attraktiven Bildern und spannenden Geschichten und soll u.a. Finanzanalysten und Investmentberater zu optimistischen Prognosen für den Aktienkurs anregen.

4.3 Was mache ich mit dem Prüfungsbericht des Abschlussprüfers?

Jahrzehntelang haben militante Aufsichtsratsmitglieder dafür gekämpft, dass ihnen der Prüfungsbericht des Abschlussprüfers zugänglich gemacht wird. Obwohl es sich hierbei um ein streng vertrauliches Dokument handelt, hat der Gesetzgeber jedem Aufsichtsratsmitglied das Recht zugestanden, vom Inhalt des Prüfungsberichtes Kenntnis zu nehmen (§ 170 Abs. 3 AktG). Es hat sich als praktisch erwiesen, dass jedes Aufsichtsratsmitglied ein eigenes Berichtsexemplar erhält.

Der **Besitz des Prüfungsberichtes** ist das wichtigste Indiz dafür, dass Sie als Aufsichtsratsmitglied den Jahres- oder Konzern-Abschluss des Unternehmens selbst geprüft haben oder hätten prüfen können. Überzeugen Sie sich nach Erhalt des Prüfungsberichtes davon, dass er das richtige Unternehmen und dessen aktuellen Jahresabschluss betrifft und dass der Prüfungsvermerk des Abschlussprüfers keine Vorbehalte oder Einschränkungen enthält.

Von einer weiteren **Lektüre** des Prüfungsberichtes wird vielfach abgeraten. Die darin enthaltenen Zahlen und Ausführungen erschließen sich dem Laien nur schwer, da wegen der Vertraulichkeit Interpretationshilfen kaum zugänglich sind. Versierte Aufsichtsräte begnügen sich daher nach einem Blick auf den Bestätigungsvermerk des Abschlussprüfers mit der unverzüglichen Sicherheitsverwahrung des empfangenen Berichtsexemplars.

4.4 Wie wichtig ist die Bilanzsitzung des Aufsichtsrates?

Die Bilanzsitzung ist das wichtigste gesellschaftliche Ereignis im sonst eintönigen Turnus der Aufsichtsratssitzungen. Die (zeitweise) Anwesenheit des Abschlussprüfers sollte die feierliche Stimmung der Bilanzsitzung nicht trüben. Verzagen Sie nicht, wenn der Vorstand in der Bilanzsitzung nicht anwesend ist.

In der Bilanzsitzung erläutert der Abschlussprüfer seine Prüfungstätigkeit, seine Analyse und Beurteilung des Abschlusses und Lageberichts sowie seinen Bestätigungsvermerk. Seine anschließende Vernehmung betrachtet der Aufsichtsrat als eigene Prüfung des Jahres- oder Konzern-Abschlusses. In der Regel schließt er sich dem Prüfungsergebnis des Abschlussprüfers an.

In vielen Unternehmen ist es üblich, dass die ausgereichten Prüfungsberichte in der Bilanzsitzung des Aufsichtsrates eingesammelt werden, um den Verlust oder eine Weitergabe an unbefugte Interessenten zu verhindern.

Die Bilanzsitzung dient auch der Vorbereitung der bevorstehenden ordentlichen Hauptversammlung, in der möglicherweise Ihre Neuwahl oder eine Erhöhung der Aufsichtsratsvergütung beschlossen werden soll. Wenn sich Ihre Amtszeit dem Ende zuneigt, lesen Sie die Vorschläge zur Tagesordnung der Hauptversammlung, damit Sie rechtzeitig erfahren, ob Ihre Wiederwahl vorgesehen oder fraglich ist.

5 Sonstige Fragen

5.1 Soll ich Aufsichtsratsvorsitzender werden und was muss ich dann tun?

Sie sollten sorgfältig überlegen, ob Sie sich das Amt des Aufsichtsratsvorsitzenden zumuten wollen. Das hohe Amt bietet viel Ehre, erfordert aber viel Zeit. Beide Elemente hängen stark vom Zustand und den Aussichten des Unternehmens ab.

Die im Vergleich zum gemeinen Aufsichtsratsmitglied doppelte Vergütung für den Vorsitzenden trägt der wesentlich größeren zeitlichen Beanspruchung nur ungenügend Rechnung. Man muss den Prestigegewinn durch das herausgehobene Amt hinzurechnen.

Als Aufsichtsratsvorsitzender müssen Sie laufend **Kontakt mit dem Vorstand**, insbesondere mit dessen Vorsitzenden oder Sprecher, halten. Lassen Sie sich regelmäßig, mindestens zweimal in der Woche, vom Vorstandsvorsitzenden anrufen. Wenn nichts Geschäftliches zu berichten ist, erörtern Sie das Wetter, etwaige Urlaubspläne, Sportergebnisse oder Börsenkurse.

Mindestens einmal pro Monat sollten Sie den Vorstandsvorsitzenden, zur Abwechslung auch mal den Gesamtvorstand, zu einem „*Review-Meeting*" zitieren, um sich gemeinsam an die aktuelle Geschäftsentwicklung zu erinnern. Haben Sie keine Scheu, exotische Treffpunkte vorzuschlagen, die Ihrer Reputation und örtlichen Verfügbarkeit am besten entsprechen.

Darüber hinaus sollten Sie durch überraschende, nicht angesagte Besuche den Vorstand allzeit wachhalten. Häufigkeit und Zeitpunkte dieser Besuche richten Sie zur Wahrung sachlicher Veranlassung nach dem kulturellen Angebot oder anderen Attraktivitäten des Besuchsortes, z.B. Festspielzeit oder Sport-Events.

Als Aufsichtsratsvorsitzender ist es Ihre vornehmste Aufgabe, die **Aufsichtsratssitzungen** reibungslos und termingerecht **abzuwickeln**. Legen Sie die Dauer der Aufsichtsratssitzung unumstößlich fest und besprechen Sie dann mit dem Vorstand einen geeigneten Ablauf der Tagesordnung.

Lassen Sie vom Vorstand einen Leitfaden für die Abwicklung der Tagesordnung ausarbeiten, damit Sie nichts übersehen und die von Ihnen vorgesehene Sitzungsdauer nicht überschritten wird. Im Interesse einer toleranten und zügigen Sitzungsleitung schneiden Sie Diskussionen nicht ab, sondern beenden Sie diese beherzt. Die schweigende Mehrheit der Aufsichtsratsmitglieder wird es Ihnen danken.

Überlegen Sie – möglichst vor der konstituierenden Sitzung des Aufsichtsrats – sorgfältig die **Sitzordnung** der Aufsichtsratsmitglieder. Im Zweifel ziehen Sie Ihren Stellvertreter oder den Vorstandsvorsitzenden zu Rate. Bedenken Sie Herkunft, Alter, Geschlecht und Temperament der erwarteten Teilnehmer. Die einmal getroffene Sitzplatzwahl hat nach der Tradition des Sitzungsbetriebs für die Ewigkeit Gültigkeit. Wenn Sie etwas ändern wollen, hilft nur ein neuer Sitzungsraum mit fest montierten Namensschildern.

Veranlassen Sie beim Vorstand, dass der **äußerliche Rahmen** der Aufsichtsratssitzung (Raumgröße, Lage, Beleuchtung, Behaglichkeit usw.) nebst dargebotener fester und flüssiger Nahrung dem hohen Ansehen des Aufsichtsrates würdig ist. Scheuen Sie nicht, größere Umbauten und Möblierungen des Sitzungsraums zu veranlassen, wenn das einer komfortableren Arbeitsatmosphäre dient.

Als Aufsichtsratsvorsitzender haben Sie das Vorrecht, als Letzter zum Sitzungstermin zu erscheinen. Pflegen Sie dieses Privileg, indem Sie nicht vor der angesetzten Uhrzeit den Sitzungssaal betreten. Nutzen Sie zur zeitlichen Überbrückung passende Nebenräume der Gesellschaft. Rügen Sie andere Aufsichtsratsmitglieder, die später kommen.

5.2　Welche Rolle spielt der Vorstand?

Der Vorstand leitet das Unternehmen und führt dessen Geschäfte. Als gesetzlicher Vertreter der Gesellschaft ist er auch für die angemessene Finanzierung der Aufsichtsratsaktivitäten zuständig.

Da der Vorstand vom Aufsichtsrat bestellt und überwacht wird, hat er ein vitales Interesse daran, dass der Aufsichtsrat aus wohl geneigten und pflegeleichten Mitgliedern zusammengesetzt ist. Der Vorstand ist vor allem an Aufsichtsratsmitgliedern interessiert, die seine Unternehmensführung möglichst wenig stören, seinen regelmäßigen Berichten mit Wohlgefallen empfangen und seine Wiederbestellung für selbstverständlich halten.

Ein achtsamer Vorstand muss sich ständig darüber Gedanken machen, wie die Aufsichtsratsmitglieder zwischen und während der Sitzungen ruhiggestellt werden können. Bei Bedarf wird der Vorstand das unverzichtbare Festessen vor der Aufsichtsratssitzung ansetzen, weil ein satter Aufsichtsrat milder gestimmt ist. Ein voller Bauch moniert nicht gern.

Stichwortverzeichnis

Abhängigkeitsbericht 173
Abschlussprüfer 136
    Abhängigkeitsbericht 174
    Jahresabschluss 156
    Nachhaltigkeitsbericht 163
    nichtfinanzielle Erklärung 181
    Vergütungsbericht 103
Abschlussprüfung 156
    durch den Abschlussprüfer 156
    durch den Aufsichtsrat 163
Altersgrenze
    Aufsichtsrat 62
    Vorstand 92
Audit Committee 23
Aufsichtsrat
    Amtsdauer 62
    Aufgaben 25
    Ausschüsse 73
    Begriff 18
    Beschlussfähigkeit 69, 73
    Bilanzsitzung 164
    Geschäftsordnung 64
    Innere Ordnung 64
    Personalkompetenz 83
    Pflichten 20
    Präsenzpflicht 30
    Protokoll 73
    Sitzungen 65
    Selbstevaluierung 68
    Teilhabe von Frauen 47
    Vergütung 39
    Zusammensetzung 45
Aufsichtsratsmitglieder
    Anteilseignervertreter 52

    Arbeitnehmervertreter 53
    Fortbildung 38
    Heimarbeit 79
    Kritische Grundhaltung 28
    Mindestkenntnisse 32
    Unabhängigkeit 29
Aufsichtsratsvorsitzender 54, 64

Beirat 18
Berichterstattung
    des Abschlussprüfers 158
    des Vorstands 124
    nichtfinanzielle 174
Bilanzeid 148
Bilanzmanagement 153
Bilanzpolitik 150
Bilanzstrategie 152
Bilanzrecht 142
Board-System 23
Budget für den Aufsichtsrat 81
Business-Judgement-Rule 33

Cashflow 121
Compliance 115
Controlling 111
Corporate Governance 22
    dualistisches System 24
    monistisches System 23

Deutscher Corporate Governance Kodex 17
Diversität 47
Doppelte Buchführung 118
Drei-Bänke-Modell 37
Dualistisches System 23

Erklärung zur Unternehmensführung 176

Fachkenntnisse 46
Finanzexperte 34
Finanzwesen 117, 120
Frauenquote 49
Führungsinstrumente 110

Gleichstellung von Mann und Frau 48
Geschäftsbericht 148
Geschäftsordnung
    Aufsichtsrat 64
    Vorstand 122
GoB
    Ansatzgrundsätze 138
    Bewertungsgrundsätze 139

Halbjahresfinanzbericht 166
Hinweisgebersystem 127
Human Relations 95

Internes Kontrollsystem 113
Interne Revision 114
Inventur 141
Internationale Rechnungslegungsstandards 145

Kapitalflussrechnung 120
Kenntnisse 56
Kaufmännische Buchführung 117
Kontrollinstrumente 113
Konzern
    Abschluss 145
    Arten 129
    Konzernleitung 130
    Überwachung 132
Konzernverhältnisse 129

Lagebericht 147

Mitbestimmung 45, 53

Nachhaltigkeitsaspekte 90
Nachhaltigkeitsbericht 179
Nachhaltigkeitsexpertise 37
Nichtfinanzielle Erklärung 179
Nominierungsausschuss 75

Offboarding 59
Onboarding 56
Overboarding 58

Planung 111
Präsidium 74
Prüfungsausschuss 76
    Auskunftsrecht 77

Rechnungslegung
    Grundlagen 137
    GoB 138
    HGB 143
    IFRS 145
    Jahresabschluss 137
    Konzernabschluss 144
    Zwischenbericht 166
Rechnungslegungsprozess 146
Rechnungswesen 116
Risikomanagement 113

Sachverständige 71
Sitzungen des Aufsichtsrats 65, 79
    Frequenz 66
    ordentliche Sitzungen 67
    Protokol 73
    virtuelle Sitzung 60
    Vorbesprechungen 66
Sitzungsgeld 68

Stichwortverzeichnis

Sitzungsteilnehmer 69
Spitzenmanager 88, 92

Teilhabe von Frauen 97
Tischvorlagen 126
Topmanager 99

Überwachung des Vorstands 109
Überwachungsinstrumente 122
Überwachung im Konzern 132

Vergütung
    des Aufsichtsrats 39
    des Vorstands 98
Vergütungsbericht 40, 102
Vergütungssystem 100
Vermittlungsausschuss 75
Vielfalt 51
Vorbesprechungen 66
Vorstand
    Bestellung 91
    Dienstvertrag 95
    Nachfolgeplanung 93
    Mutterschutz 96
    Verantwortlichkeiten 96
Vorstandsmitglied
    Auswahl 87
    Nebentätigkeit 104

Wahl der Aufsichtsratsmitglieder 52

Zahlungsbericht 175
Zustimmungspflichtige Geschäfte 125
    im Konzern 133
Zwischenberichterstattung 166